高等职业教育大数据与人工智能专业群系列教材

Python 数据库编程

主　编　殷树友　邢　翀

副主编　李丽娜　张亚辉

中国水利水电出版社

www.waterpub.com.cn

·北京·

内 容 提 要

本书依据 Python 编程与数据库开发岗位的能力需求，以电商平台商城系统的设计与开发为学习情境，遵循学生学习规律及项目开发流程编排书中内容。

全书共 5 个模块，其中模块 1 主要聚焦 Python 基础，涵盖 Python 的基本概念、编程环境搭建以及 Python 在金融领域的应用，并通过经典的 Hello World 程序开启编程之旅。模块 2 以界面实现为核心，介绍变量、数据类型、常用运算符以及分支与循环结构等知识，并应用于商城系统界面的构建任务中。模块 3 针对数据处理，深入讲解列表、元组、字典、集合等数据类型及其相互转换方式，同时涵盖函数、模块与异常处理等知识，助力批量数据的高效处理。模块 4 围绕数据库管理，详细阐述 MySQL 服务器的安装配置，以及数据库、数据表、数据约束、数据增删改查等管理操作内容。模块 5 以使用 Python 实现数据库编程为核心，讲解 mysql-connector-python 组件的安装配置，实现数据库连接与操作，通过综合案例完整呈现 Python 与 MySQL 协同开发的实践过程。

本书配有丰富的教学资源，包括教学设计、教学日程安排、教学课件、教案、习题集、源代码等，读者可以从中国水利水电出版社网站（www.waterpub.com.cn）或万水书苑网站（www.wsbookshow.com）免费下载。

图书在版编目（CIP）数据

Python 数据库编程 / 殷树友，邢翀主编. -- 北京：
中国水利水电出版社，2025. 2. --（高等职业教育大数
据与人工智能专业群系列教材）. -- ISBN 978-7-5226
-3211-7

Ⅰ. TP312.8

中国国家版本馆 CIP 数据核字第 2025V3D170 号

策划编辑：石永峰　　责任编辑：魏渊源　　加工编辑：王新宇　　封面设计：苏敏

书　　名	高等职业教育大数据与人工智能专业群系列教材 Python 数据库编程 Python SHUJUKU BIANCHENG
作　　者	主　编　殷树友　邢　翀 副主编　李丽娜　张亚辉
出版发行	中国水利水电出版社 （北京市海淀区玉渊潭南路 1 号 D 座　100038） 网址：www.waterpub.com.cn E-mail：mchannel@263.net（答疑） 　　　　sales@mwr.gov.cn 电话：（010）68545888（营销中心）、82562819（组稿）
经　　售	北京科水图书销售有限公司 电话：（010）68545874、63202643 全国各地新华书店和相关出版物销售网点
排　　版	北京万水电子信息有限公司
印　　刷	三河市鑫金马印装有限公司
规　　格	184mm×260mm　16 开本　15.25 印张　381 千字
版　　次	2025 年 2 月第 1 版　2025 年 2 月第 1 次印刷
印　　数	0001—4000 册
定　　价	48.80 元

前　　言

Python 作为目前业界很受欢迎的编程语言，以其语法简洁、应用广泛和出色的可读性，成为众多开发者和初学者的首选；MySQL 数据库管理系统则是目前业界广泛应用的开源关系型数据库管理系统，Python 与 MySQL 的组合已然成为开发信息化系统的"黄金搭档"。

程序设计课程和数据库课程目前已成为高职院校计算机类专业教学中的重要核心课程，是计算机类专业学生必须掌握的专业技能，目前高职院校一般开设 Python 程序设计技术和数据库应用技术两门课程，但将两者融为一门课程，以一个项目的开发实现作为学习情境，尚缺少针对性的教材。本书综合作者多年的教学实践和经验，依据 Python 编程与数据库开发岗位的能力需求，以电商平台商城系统的设计与开发为学习情境，遵循学生学习规律及项目开发流程编排教材内容。

本书主要介绍 3 个方面的内容：

（1）Python 的发展历史与特点，应用、开发环境的搭建，程序设计的基本语法，流程控制语句、列表、元组等高级数据类型的使用，函数、模块和异常处理。

（2）MySQL 数据库的安装、使用，数据库对象管理，数据表对象管理，数据约束管理，数据增删改查等操作。

（3）使用 Python 访问 MySQL 数据库，实现数据库编程操作。

本书在对商城系统项目进行剖析和分解的基础之上，将软件开发工程师应具备的知识、能力和素质有机地融入该项目案例开发，从而形成 5 个理实一体化的教学模块。课程考核采取项目开发与过程考核相结合的方式。

我们对本书的体系结构做了精心的设计，按照初识 Python→界面实现→数据处理→数据库管理→使用 Python 实现数据库编程为主线，以任务驱动为支线，兼顾知识学习和技能提升，同时设置思政小课堂，以案说理、以理育人，实例通俗，习题丰富，结构统一，自始至终贯穿了知行合一、工学结合的思想。在内容编写方面，本书难点分散、循序渐进；在文字叙述方面，本书用词浅显易懂、重点突出；在实例选取方面，实用性强、针对性强。

各教学模块及学习任务设计见下表。

各教学模块学习任务设计表

教学模块	学习任务	参考学时	总学时
模块 1　初识 Pythont	任务 1.1　显示系统欢迎界面	4	4
模块 2　界面实现	任务 2.1　实现商城系统界面	4	12
	任务 2.2　实现完整系统界面	8	
模块 3　数据处理	任务 3.1　购物车管理模块开发	6	12
	任务 3.2　商品管理模块的开发	6	

教学模块	学习任务	参考学时	总学时
模块 4　数据库管理	任务 4.1　数据库基础	2	16
	任务 4.2　数据表管理	6	
	任务 4.3　数据操作	8	
模块 5　使用 Python 实现数据库编程	任务 5.1　商品管理系统开发	4	4

　　本书每个任务都附有课后习题，可以帮助学生进一步巩固基础知识。本书由长春金融高等专科学校的殷树友、邢翀任主编，李丽娜、张亚辉任副主编，模块 1 由殷树友编写，模块 2 由邢翀、陈美伊编写，模块 3 由李丽娜、夏宗辉编写，模块 4 和模块 5 由张亚辉、崔彤彤编写。

　　由于编者水平有限，书中难免存在不足之处，敬请广大读者批评指正。

编　者

2024 年 11 月

目　录

前言

模块1　初识 Python ··· 1

　任务 1.1　显示系统欢迎界面 ·· 2

　　【任务目标】 ·· 2

　　【思政小课堂】 ·· 2

　　【知识准备】 ·· 3

　　　1.1.1　Python 概述 ·· 3

　　　1.1.2　Python 在金融领域的应用 ··· 5

　　　1.1.3　Python 开发环境概述 ··· 6

　　　1.1.4　Python 解释器的安装与配置 ··· 6

　　　1.1.5　Jupyter Notebook 的安装与配置 ··· 11

　　　1.1.6　Anaconda 的安装与配置 ··· 13

　　　1.1.7　Hello World 程序 ··· 16

　　【任务实施】 ·· 25

　　【任务小结】 ·· 28

　　【课堂练习】 ·· 29

　　【课后习题】 ·· 29

模块2　界面实现 ·· 31

　任务 2.1　实现商城系统界面 ··· 32

　　【任务目标】 ·· 32

　　【思政小课堂】 ··· 32

　　【知识准备】 ·· 33

　　　2.1.1　变量 ··· 33

　　　2.1.2　数据类型 ·· 39

　　　2.1.3　常用运算符 ··· 46

　　【任务实施】 ·· 52

　　【任务小结】 ·· 54

　　【课堂练习】 ·· 55

　　【课后习题】 ·· 55

　任务 2.2　实现完整系统界面 ··· 56

　　【任务目标】 ·· 56

【思政小课堂】 ·· 56

【知识准备】 ··· 57

   2.2.1   分支结构 ·· 57

   2.2.2   循环结构 ·· 63

【任务实施】 ··· 70

【任务小结】 ··· 73

【课堂练习】 ··· 74

【课后习题】 ··· 74

模块 3   数据处理 ·· 77

  任务 3.1   购物车管理模块开发 ·· 78

    【任务目标】 ·· 78

    【思政小课堂】 ·· 79

    【知识准备】 ·· 79

       3.1.1   列表的基础与应用 ···································· 79

       3.1.2   元组的基础与应用 ···································· 82

       3.1.3   字典的基础与应用 ···································· 85

       3.1.4   集合的基础与应用 ···································· 90

       3.1.5   数据类型转换 ·· 94

    【任务实施】 ··· 101

    【任务小结】 ··· 103

    【课堂练习】 ··· 104

    【课后习题】 ··· 104

  任务 3.2   商品管理模块的开发 ·· 105

    【任务目标】 ··· 105

    【思政小课堂】 ·· 105

    【知识准备】 ··· 106

       3.2.1   函数 ·· 106

       3.2.2   模块 ·· 115

       3.2.3   异常处理 ·· 120

    【任务实施】 ··· 128

    【任务小结】 ··· 134

    【课堂练习】 ··· 135

    【课后习题】 ··· 135

模块 4   数据库管理 ·· 137

  任务 4.1   数据库基础 ·· 138

    【任务目标】 ··· 138

【思政小课堂】 ·· 140

【知识准备】 ·· 140

　4.1.1　理解数据库服务器 ··· 140

　4.1.2　安装与配置 MySQL 服务器 ·· 142

　4.1.3　连接 MySQL 服务器 ·· 155

　4.1.4　管理数据库对象 ·· 159

【任务实施】 ·· 161

【任务小结】 ·· 162

【课堂练习】 ·· 163

【课后习题】 ·· 163

任务 4.2　数据表管理 ·· 164

【任务目标】 ·· 164

【思政小课堂】 ·· 164

【知识准备】 ·· 164

　4.2.1　查看数据表 ··· 165

　4.2.2　创建数据表 ··· 166

　4.2.3　数据约束的管理 ·· 172

　4.2.4　数据表的管理 ·· 176

【任务实施】 ·· 178

【任务小结】 ·· 181

【课堂练习】 ·· 181

【课后习题】 ·· 183

任务 4.3　数据操作 ·· 184

【任务目标】 ·· 184

【思政小课堂】 ·· 185

【知识准备】 ·· 186

　4.3.1　数据管理 ··· 186

　4.3.2　数据简单查询 ·· 189

　4.3.3　数据复杂查询 ·· 199

【任务实施】 ·· 206

【任务小结】 ·· 210

【课堂练习】 ·· 210

【课后习题】 ·· 212

模块 5　使用 Python 实现数据库编程 ·· **215**

任务 5.1　商品管理系统开发 ··· 216

【任务目标】 ·· 216

【思政小课堂】 ·· 217

【知识准备】 ··· 217

    5.1.1　Python 数据库编程组件概述 ····················· 217

    5.1.2　mysql-connector-python 的安装 ·············· 217

    5.1.3　实现数据库连接 ···································· 221

    5.1.4　实现数据库操作 ···································· 222

【任务实施】 ··· 225

【任务小结】 ··· 233

【课堂练习】 ··· 234

【课后习题】 ··· 234

参考文献 ·· 235

模块 1　初识 Python

模块介绍

　　在程序开发和应用中，Python 是一门简单易学且功能强大的编程语言，因此掌握 Python 的基础知识和应用方法是开启高效编程的关键。Python 作为目前业界最受欢迎的编程语言之一，以其语法简洁、应用广泛和出色的可读性等特点，成为众多开发者和初学者的首选。通过本模块的学习，读者可以了解从 "Hello World" 到简单程序的编写过程，掌握 Python 的开发环境搭建与配置、基础语法知识。

知识图谱

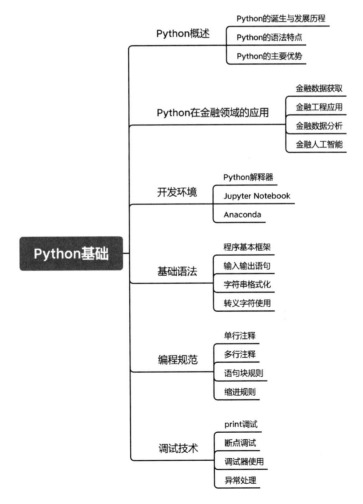

 模块目标

知识目标

- 了解 Python 语言的基本概念、特点、发展和应用场景。
- 掌握 Python 开发环境的搭建与配置。
- 掌握 Python 的语法框架、输入输出语句。
- 掌握 Python 程序编写、运行的基本步骤。

能力目标

- 能够解释 Python 语言的基本概念、特点、发展和应用场景。
- 能够正确安装和配置 Python 开发环境。
- 能使用 Jupyter Notebook 等开发工具。
- 能运用基础函数实现数据输入输出操作。
- 能编写和运行简单的 Python 程序。

素质目标

- 具有代码规范意识和良好的编程习惯。
- 具有良好的逻辑思维能力。
- 具有独立解决问题的能力。
- 具有持续学习的意识和热情。

任务 1.1　显示系统欢迎界面

【任务目标】

诚信科技公司为了提高开发效率，决定使用 Python 进行项目开发。在开始之前，需要所有开发人员先了解 Python 的基本知识。通过本任务的学习，读者将对 Python 有一个全面的认识，为后续的深入学习打下基础。

通过本任务的学习，实现以下任务目标：

（1）了解 Python 的基本概念、特点和发展历史，及其在金融领域的应用。

（2）掌握 Python 的开发环境搭建方法，安装和配置 Python 开发环境，掌握包括 Anaconda 和 Jupyter Notebook 等工具的使用方法。

（3）熟悉 Python 程序的基本框架，了解 Python 的基础语法规则，输入输出语句和注释的使用方法。

（4）完成诚信商城系统欢迎界面的显示任务。

【思政小课堂】

创新思维育新才，编程实践出真知。在信息技术高速发展的今天，Python 作为一种广泛应用的编程语言，已经成为编程者学习入门的首选语言，在人工智能和机器学习领域，Python

占据主导地位。被广泛应用的 TensorFlow 和 PyTorch 等深度学习框架，都选择 Python 作为首选开发语言。学习 Python 可以为日后开发各领域的人工智能应用，为实现利用科技创新美好生活打下坚实的基础。

学习 Python 不是机械地记忆语法，而是要充分利用 Python 实现新的功能和应用，迎接不断变化的技术和业务需求挑战，实践出真知，成为有创新能力的高素质技术技能人才。

【知识准备】

1.1.1　Python 概述

1. Python 的诞生与发展历程

Python 的诞生要追溯到 1989 年的圣诞节期间。当时在荷兰国家数学与计算机科学研究中心工作的吉多·范罗苏姆（Guido van Rossum），为了打发圣诞节的时间，决定开发一种新的解释型语言作为 ABC 语言的继承者。他希望这个新的语言能够像 ABC 语言一样，拥有良好的可读性和易用性，但同时又能够弥补 ABC 语言的不足。在开发期间，吉多·范罗苏姆正在收看英国广播公司（British Broadcasting Corporation，BBC）的喜剧节目 *Monty Python's Flying Circus*，他觉得这个名字简短、神秘且有趣，于是就将这个新语言命名为 Python。

Python 第一个公开发行版发布于 1991 年，版本号为 0.9.0，该版本已经包含了类、函数、异常处理等核心功能，以及模块化的系统。1994 年 1 月，Python 1.0 发布，主要新特性包括引入了 lambda 表达式，map、filter 和 reduce 等函数式编程工具。2000 年 10 月 16 日，Python 2.0 发布，增加了完整的垃圾回收系统，并且支持 Unicode 编码。Python 的重大转折点是在 2008 年 12 月 3 日——Python 3.0 发布，它不完全兼容早期 Python 2.x 版本，但是修复了 Python 在设计中的一些缺陷。这次升级保证了 Python 在未来发展的长久生命力，但是由于历史原因，Python 2.x 依然被广泛使用。为了照顾大量 Python 2.x 的用户，Python 2.7 被确定为最后一个 2.x 版本，并被延长支持到 2020 年。

从开发初衷来看，Python 致力于提供一种清晰且简单的编程语言，它注重代码的可读性，使用强制缩进来体现代码块结构。在设计之初，Python 遵循简单即美的设计哲学，力求用一种明确的方式来实现一个功能。这种理念充分体现在 Python 的语法特性上，使得 Python 成为一门简单优雅且强大的编程语言。随着时间推移，Python 逐渐发展成为一门多范式的编程语言，支持面向对象编程、命令式编程、函数式编程等多种编程范式。

2. Python 的技术特点与优势

Python 的技术特点与优势如下：

（1）语法特点。Python 强调语法的简洁性和可读性，遵循"显式优于隐式"的设计哲学。其语法规则接近自然语言，使用缩进来标识代码块，省去了其他语言中的大括号和分号。对于初学者而言，这种设计显著降低了入门门槛。同时，Python 还具有自解释性，即代码本身就是最好的文档，这使得开发者能够快速理解和掌握代码逻辑。

（2）开源特性。Python 采用开源协议发布，这意味着任何人都可以自由地使用、修改和分发 Python。其完整的源代码对外开放，开发者可以深入了解语言实现细节，甚至对其进行定制和扩展。Python 社区庞大而活跃，持续推动着语言的发展和优化。开源的特性也促进了

大量第三方库和工具的产生，极大地丰富了 Python 的生态系统。

（3）面向对象特性。Python 还是一门完全面向对象的语言，在 Python 中一切皆为对象，它支持类、继承、多态等面向对象编程的核心概念。Python 的面向对象特性既保持了强大的功能性，又避免了过度复杂的语法。通过特殊方法（魔术方法）机制，开发者可以灵活地控制对象的行为。此外，Python 还支持多重继承，并通过方法解析顺序（Method Resolution Order，MRO）来处理继承关系中的歧义性。

（4）跨平台性。Python 代码具有优秀的跨平台性，几乎可以在所有主流操作系统上运行，包括 Windows、Linux、macOS 等。只要安装了相应版本的 Python 解释器，同一份代码无需修改就能在不同平台上执行。这种高度的可移植性源于 Python 的虚拟机机制，它在操作系统和 Python 代码之间提供了一个中间层，屏蔽了平台间的底层差异。

（5）丰富的库生态。Python 拥有庞大的标准库，涵盖了文件 I/O、网络通信、数据处理等常用功能。除标准库外，Python 还有大量高质量的第三方库，如用于科学计算的 NumPy 和 SciPy，用于数据分析的 Pandas，用于机器学习的 TensorFlow 和 PyTorch 等。这些库大大扩展了 Python 的应用范围，使其成为数据科学、人工智能、Web 开发等领域的首选语言。

（6）多范式支持。Python 还支持多种编程范式，包括命令式编程、函数式编程和面向对象编程等。其独特的语言特性包括生成器、装饰器、上下文管理器等，这些特性为开发者提供了强大而灵活的工具。Python 的动态类型系统使得代码编写更加灵活，而内置的内存管理机制则降低了开发复杂度。此外，Python 还提供了异常处理机制，使得编写的程序更加健壮和可靠。

（7）应用广泛。Python 作为一门通用编程语言，其应用范围极其广泛。在不同领域中，Python 都表现出了独特的优势和强大的生命力。在 Web 开发方面，Python 拥有成熟的解决方案。Django 作为一个全栈 Web 框架，提供了完整的 MVC（Model-View-Controller）架构支持，内置了对象关系映射（Object Relational Mapping，ORM）、模板引擎、表单处理等功能，特别适合开发大型 Web 应用。Flask 则是一个轻量级的 Web 框架，提供了核心的路由和请求处理功能，开发者可以根据需求选择扩展，非常适合小型应用和应用程序编程接口（Application Programming Interface，API）开发。此外，还有 Tornado、FastAPI 等框架，分别针对异步处理和 API 开发进行了优化。

在科学计算领域，Python 拥有强大的工具链。NumPy 提供了多维数组对象和数学函数库，是科学计算的基础库。SciPy 建立在 NumPy 之上，提供了更多专业的数学函数和算法，包括线性代数、优化、积分和信号处理等。Matplotlib 则提供了出版级质量的数据可视化功能。这些工具的组合使用让 Python 成为科学计算领域的主导语言之一。在人工智能和机器学习领域，Python 占据主导地位。TensorFlow 和 PyTorch 作为主流的深度学习框架，都选择 Python 作为首选开发语言。Scikit-learn 提供了丰富的机器学习算法实现，使得开发者能够快速构建和训练模型。Keras 作为高级神经网络 API，更是简化了深度学习模型的构建过程。

在数据分析领域，Python 提供了强大而易用的工具。Pandas 库提供了 DataFrame 等数据结构，能够高效处理结构化数据。配合 NumPy 的数值计算能力，Pandas 能够处理大规模数据集的清洗、转换和分析。Jupyter Notebook 则提供了交互式的开发环境，特别适合数据探索和分析过程的展示。Python 在系统自动化和脚本处理方面同样表现突出，其标准库提供了丰富的文件处理、进程管理、网络通信等功能。通过 Python 脚本，可以轻松实现系统管理、自动化测试、数据爬取等任务。

Python 强大的生态系统是其成功的关键因素之一。Python 的包管理工具（Python Package Index，PyPI）是 Python 生态系统的核心，它提供了超过 30 万个第三方包，涵盖了从 Web 开发到科学计算的各个领域，它们大多采用开源协议发布。Python Package Installer（PIP）作为 Python 的包安装程序，提供了简单的包安装和管理机制。Conda 则是另一个流行的包管理工具，特别适合科学计算领域的环境管理。

Python 拥有庞大而活跃的开发者社区，这些开发者持续贡献代码，维护文档，解答问题，推动着 Python 生态系统的发展。Python 增强提案（Python Enhancement Proposals，PEP）机制保证了语言特性的规范演进。各种 Python 会议和用户组织促进了技术交流和知识分享。这些应用领域和完善的生态系统使 Python 成为当前最受欢迎的编程语言之一。Python 能够适应从小型脚本到大型应用系统的各种开发需求，其应用范围还在不断扩大。尤其是在人工智能、大数据等新兴技术领域，Python 的重要性更加凸显。

1.1.2 Python 在金融领域的应用

Python 在金融领域的应用深度和广度都在不断扩展，它已经成为现代金融机构不可或缺的技术工具。以下是 Python 在金融领域的主要应用方向的详细阐述。

1. 数据获取与网络爬虫应用

在金融市场中，及时、准确的数据是正确决策的基础。Python 强大的网络爬虫功能为数据的获取提供了有力的技术支持。通过 Beautiful Soup、Scrapy 等爬虫框架，金融机构可以构建自动化的数据采集系统，实现对各类金融数据的规模化采集。这些数据包括但不限于实时的市场交易数据、上市公司公告、研究报告、财经新闻等。爬虫技术不仅能够采集结构化的数据，还能通过自然语言处理技术对非结构化的文本信息进行处理和分析。在数据采集过程中，Python 的异步编程特性使得爬虫功能能够高效地处理大量并发请求，显著提升数据获取效率。同时，Python 提供的代理池管理、验证码识别等功能，能够有效解决反爬虫等技术难题。此外，Python 还提供了完善的数据存储方案，支持将采集的数据存入各种类型的数据库，为后续的数据分析提供基础。

2. 金融工程与科学计算应用

在金融工程领域，Python 的科学计算生态系统提供了强大的技术支持。NumPy 作为科学计算的基础库，为金融衍生品定价、风险管理等提供了高效的矩阵运算能力。SciPy 则提供了优化、积分、插值等高级数学功能，这些功能在期权定价、固定收益证券分析等领域有着广泛应用。在量化投资领域，Python 的各种金融库（如 QuantLib）提供了丰富的金融工具，支持多种金融产品的定价和风险分析。同时，Python 还能够实现蒙特卡罗模拟、随机微分方程求解等复杂的金融工程方法。通过这些工具，金融机构可以构建完整的量化投资研究框架，进行策略回测、组合优化和风险控制。

3. 金融数据分析与可视化

在金融数据分析领域，Python 的 Pandas 库提供了强大的数据处理和分析功能。通过 Pandas，分析师可以轻松处理时间序列数据，进行技术分析指标的计算，实现投资组合的绩效

归因分析。Pandas 的数据结构设计特别适合处理金融数据，支持高效的数据清洗、转换和分析。在数据可视化方面，Matplotlib、Seaborn 等库提供了丰富的可视化工具，支持创建各类金融图表，如 K 线图、技术指标图、收益率分布图等。这些可视化工具不仅能够帮助分析师更好地理解市场规律，还能够生成专业的分析报告。此外，Python 的交互式分析工具（如 Jupyter Notebook 等），为金融研究提供了便捷的开发环境。

4．金融人工智能应用

随着人工智能技术的发展，Python 在金融领域的应用进一步深化。TensorFlow 和 PyTorch 等深度学习框架使得构建复杂的金融模型变得更加简单，这些工具被广泛应用于市场预测、智能投顾、风险控制等领域。在智能投顾方面，机器学习算法可以根据客户的风险偏好和投资目标，自动生成个性化的投资组合建议。在风险控制领域，深度学习模型通过分析历史数据，可以识别潜在的市场风险和欺诈行为。自然语言处理技术则被用于分析财经新闻和社交媒体信息，预测市场情绪和趋势。此外，强化学习算法能够自动学习最优的交易策略，在量化交易策略的开发中也显示出巨大潜力。

1.1.3　Python 开发环境概述

在开始 Python 编程之前，需要建立完整的开发环境。对于数据分析工作来说，主要需要以下 3 个核心工具：Python 解释器（核心组件）、Jupyter Notebook（交互式开发环境）以及 Anaconda（集成开发环境）。这些工具各自承担不同的功能，共同构成了一个完整的 Python 开发生态系统。在实际应用中，可以根据具体需求选择安装其中的一种或多种工具组合。Python 解释器是必需的基础工具，而 Jupyter Notebook 和 Anaconda 则可以根据个人需求选择安装。Python 语言的开放性和扩展性使 Python 形成了丰富的工具生态系统。对于初学者来说，完整的开发环境不仅包括核心的解释器，还包括代码编辑器、调试工具、包管理器等辅助工具。这些工具的选择和配置直接影响后续的开发效率和学习体验。在选择开发环境时，需要根据使用场景和技术需求选择合适的工具组合。对于数据分析和科学计算领域，推荐使用集成了相关库和工具的环境，而对于 Web 开发等其他领域，则可以选择更轻量级的配置。

1.1.4　Python 解释器的安装与配置

Python 是一种跨平台的编程语言，可以运行在 Windows、Linux、MacOS 等多种操作系统上。在开始 Python 编程之前，首先需要在计算机上安装 Python 解释器。下面将详细介绍在 Windows 系统上安装 Python 解释器的完整过程。

1．下载 Python 解释器

Python 解释器可以从 Python 官网免费下载，如图 1.1.1 所示。打开下载页面后，网页上方会显示最新版本的下载按钮，图中为 "Download Python 3.13.0"。单击该按钮即可下载适用于当前系统的 Python 安装程序。需要注意的是，界面下方还提供了其他操作系统的下载选项，读者需根据自己的操作系统选择合适的版本。

2．安装 Python 解释器

在完成 Python 安装程序的下载后，接下来就要进行安装配置。双击下载的安装程序，或者右击并选择"打开"选项，启动 Python 安装向导并显示安装配置界面，如图 1.1.2 所示。在该界面中最重要的是底部的两个配置选项。第一个选项"Use admin privileges when installing py.exe"表示安装程序会将 py.exe 安装到 Windows 的系统目录（通常位于 C:\Windows）。这样的安装方式会使 Python 启动器对系统所有用户可用，同时会更新系统级别的 PATH 环境变量。这个过程需要管理员权限，因为它涉及到系统目录的修改，第二个选项"Add python.exe to PATH"表示是否将 Python 添加到系统环境变量中。强烈建议将这两个复选框都勾选，这样可以避免后续手动配置环境变量，也能让所有用户都方便地使用 Python。

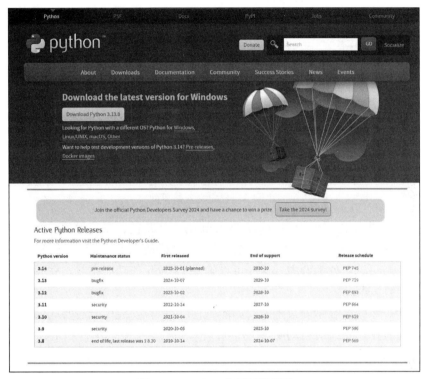

图 1.1.1　Python 官网下载界面

图 1.1.2　Python 安装配置界面

在选择安装方式时，安装向导提供了两种选择。第一种是 Install Now，表示将使用默认设

置直接开始安装 Python；第二种是 Customize installation，表示允许用户自定义安装选项。对于初学者来说，建议选择自定义安装，这样可以更好地理解和控制安装过程。单击 Customize installation 按钮后会进入自定义安装界面，如图 1.1.3 所示。

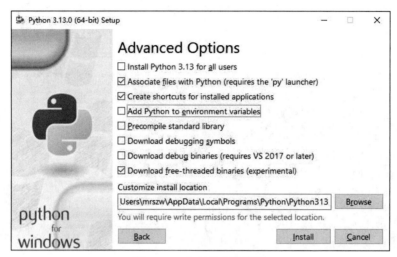

图 1.1.3　自定义安装界面

在自定义安装界面中，用户可以选择 Python 的安装路径、安装组件以及其他高级选项。一般建议将 Python 安装在非系统盘的独立目录下，这样便于后续管理和维护。在选择安装组件时，建议将所有可选组件都选中，这样可以确保 Python 的功能完整。完成这些设置后，单击 Install 按钮继续安装。

安装过程中，系统会显示安装进度，如图 1.1.4 所示。安装可能需要几分钟时间，请耐心等待。在安装过程中，系统会自动配置 Python 环境，安装必要的组件和工具。

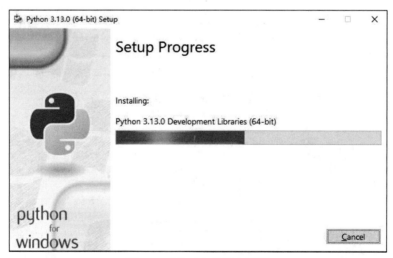

图 1.1.4　显示安装进度界面

当完成所有安装任务后，会显示安装成功界面，如图 1.1.5 所示。此时单击 Close 按钮即可完成 Python 的安装。

3．验证安装是否成功

安装完成后，需要验证 Python 是否已经正确安装并是否可以使用，可以通过 Windows 的命令行窗口进行测试。按住 Win 键和 R 键，在屏幕左下角会弹出"运行"窗口，在该窗口中输入 cmd 并按回车键，就会打开 Windows 的命令行窗口，如图 1.1.6 所示。

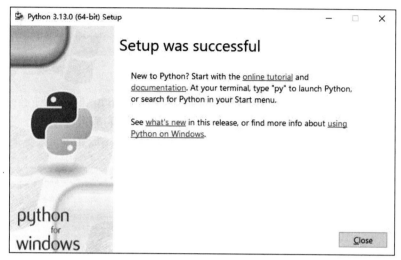

图 1.1.5　安装成功界面

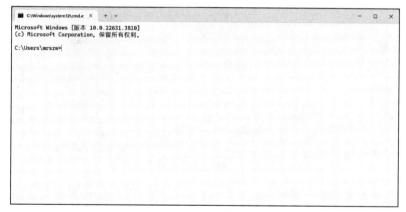

图 1.1.6　命令行窗口

这个窗口提供了一个文本界面，允许用户通过输入命令来操作计算机。在窗口中，输入 python 后按回车键验证 Python 的安装情况，如图 1.1.7 所示。

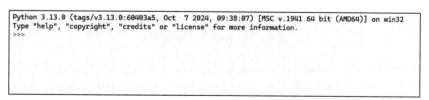

图 1.1.7　验证 Python 的安装情况

如果 Python 安装正确，系统会显示 Python 的版本信息，并进入 Python 的交互式编程环

境。在显示的信息中，可以看到当前安装的 Python 版本号（如 Python 3.13.0）。可以在其中直接输入 Python 代码来执行简单的编程任务，如图 1.1.8 所示。

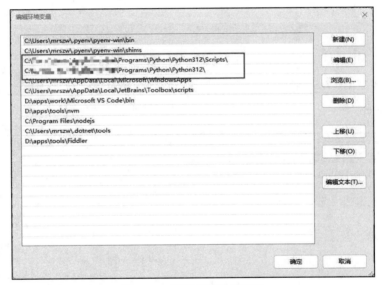

图 1.1.8　Python 命令交互界面

4. Python 环境配置

Python 的环境配置主要涉及系统环境变量的设置。如果在安装时已经勾选了 Add Python.exe to PATH 选项，那么系统已经自动完成了环境变量的配置。但是如果在安装时没有勾选该选项，就需要手动配置环境变量。环境变量设置界面如图 1.1.9 所示。

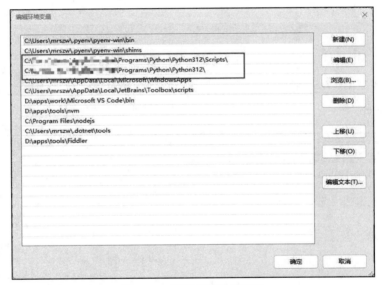

图 1.1.9　环境变量设置界面

在环境变量配置完成后，可以通过命令行窗口再次验证 Python 环境变量的配置情况，如图 1.1.10 所示。如果能够正确显示 Python 版本信息，说明环境变量配置成功。

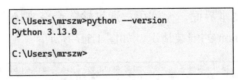

图 1.1.10　环境变量配置验证

对于 Python 开发来说，使用专业的集成开发环境（Integrated Development Environment，IDE）能够大大提高编程效率。PyCharm 是一款专门面向 Python 开发的 IDE，提供了代码补全、语法检查、调试等强大功能，它分为专业版和社区版，初学者使用免费的社区版即可满足学习需求。图 1.1.11 展示了 PyCharm 的开发界面。

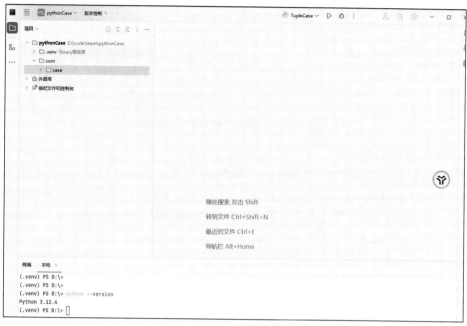

图 1.1.11　PyCharm 开发界面

🔘**练一练**　尝试打开命令行窗口，输入 python--version 查看 Python 的版本信息。

1.1.5　Jupyter Notebook 的安装与配置

在 Python 的众多开发工具中，Jupyter Notebook 因其交互性强、展示效果好而深受欢迎。它不仅是一个编程环境，更是一个将代码、文档、可视化和说明文字融为一体的数字化笔记本。特别是在数据分析、机器学习等领域，Jupyter Notebook 已经成为标准开发工具之一。它允许用户在 Web 浏览器中创建和共享文档，这些文档可以包含实时代码、数学方程、可视化图表以及解释性文本等。

1. 安装 Jupyter Notebook

在开始安装 Jupyter Notebook 之前，请确保已经正确安装了 Python 并配置了环境变量。Jupyter Notebook 的安装过程相对简单，主要通过 PIP 来完成。在命令行窗口中输入安装命令 pip install jupyter 来安装 Jupyter Notebook，如图 1.1.12 所示。该命令会自动从 Python 包索引下载并安装 Jupyter Notebook 及其所有依赖项。

```
(.venv) PS D:\> pip install jupyter
Collecting jupyter
  Using cached jupyter-1.1.1-py2.py3-none-any.whl.metadata (2.0 kB)
Collecting notebook (from jupyter)
  Using cached notebook-7.2.2-py3-none-any.whl.metadata (10 kB)
Collecting jupyter-console (from jupyter)
  Using cached jupyter_console-6.6.3-py3-none-any.whl.metadata (5.8 kB)
Collecting nbconvert (from jupyter)
```

图 1.1.12　Jupyter Notebook 安装命令

安装完成后会显示安装成功的信息，如图 1.1.13 所示。至此，Jupyter Notebook 的核心组件就已经安装完毕。

```
Successfully installed anyio-4.6.2.post1 argon2-cffi-23.1.0 argon2-cffi-bindings-21.2.0 arrow-1.3.0 asttokens-2.4.1 async-lru-2.0.4 attrs-24.2.0 ba
bel-2.16.0 beautifulsoup4-4.12.3 bleach-6.2.0 certifi-2024.8.30 cffi-1.17.1 charset-normalizer-3.4.0 colorama-0.4.6 comm-0.2.2 debugpy-1.8.8 decora
tor-5.1.1 defusedxml-0.7.1 executing-2.1.0 fastjsonschema-2.20.0 fqdn-1.5.1 h11-0.14.0 httpcore-1.0.6 httpx-0.27.2 idna-3.10 ipykernel-6.29.5 ipyth
on-8.29.0 ipywidgets-8.1.5 isoduration-20.11.0 jedi-0.19.1 jinja2-3.1.4 json5-0.9.25 jsonpointer-3.0.0 jsonschema-4.23.0 jsonschema-specifications-
2024.10.1 jupyter-1.1.1 jupyter-client-8.6.3 jupyter-console-6.6.3 jupyter-core-5.7.2 jupyter-events-0.10.0 jupyter-lsp-2.2.5 jupyter-server-2.14.2
 jupyter-server-terminals-0.5.3 jupyterlab-4.2.5 jupyterlab-pygments-0.3.0 jupyterlab-server-2.27.3 jupyterlab-widgets-3.0.13 markupsafe-3.0.2 matp
lotlib-inline-0.1.7 mistune-3.0.2 nbclient-0.10.0 nbconvert-7.16.4 nbformat-5.10.4 nest-asyncio-1.6.0 notebook-7.2.2 notebook-shim-0.2.4 overrides-
7.7.0 packaging-24.2 pandocfilters-1.5.1 parso-0.8.4 platformdirs-4.3.6 prometheus-client-0.21.0 prompt-toolkit-3.0.48 psutil-6.1.0 pure-eval-0.2.3
 pycparser-2.22 pygments-2.18.0 python-dateutil-2.9.0.post0 python-json-logger-2.0.14 pywin32-308 pywinpty-2.0.14 pyyaml-6.0.2 pyzmq-26.2.0 referenc
ing-0.35.1 requests-2.32.3 rfc3339-validator-0.1.4 rfc3986-validator-0.1.1 rpds-py-0.21.0 send2trash-1.8.3 setuptools-75.3.0 six-1.16.0 sniffio-1.3
.1 soupsieve-2.6 stack-data-0.6.3 terminado-0.18.1 tinycss2-1.4.0 tornado-6.4.1 traitlets-5.14.3 types-python-dateutil-2.9.0.20241003 uri-template-
1.3.0 urllib3-2.2.3 wcwidth-0.2.13 webcolors-24.8.0 webencodings-0.5.1 websocket-client-1.8.0 widgetsnbextension-4.0.13
```

图 1.1.13　Jupyter Notebook 安装成功显示信息

2. 启动 Jupyter Notebook

安装成功后，接下来就要启动 Jupyter Notebook 工具。在命令行窗口中输入命令 jupyter notebook，如图 1.1.14 所示。这个命令会启动一个本地的 Jupyter Notebook 服务器，保持命令行窗口处于运行状态，因为它负责支撑整个 Jupyter Notebook 的运行环境。

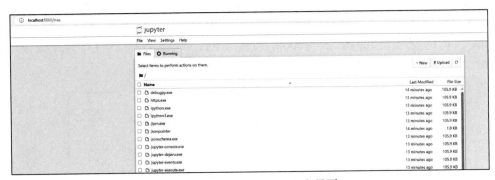

图 1.1.14　输入命令 jupyter notebook

启动后，系统会自动在默认浏览器中打开 Jupyter Notebook 的主界面，如图 1.1.15 所示。这个界面实际上是一个 Web 应用程序，通过本地服务器提供服务。在主界面中，可以看到当前工作目录下的所有文件夹和文件，这里就是 Python 开发工作空间。界面设计得非常直观，即使是初学者也能很快上手使用。

图 1.1.15　Jupyter Notebook 主界面

3. 使用 Jupyter Notebook

Jupyter Notebook 最基本的功能是创建和编辑 Notebook 文件。在主界面中，单击右上角的 New 按钮，然后从下拉菜单中选择 Python File，如图 1.1.16 所示，此时将创建一个新的 Python

笔记本文件，它使用当前安装的 Python 3 解释器作为后端。

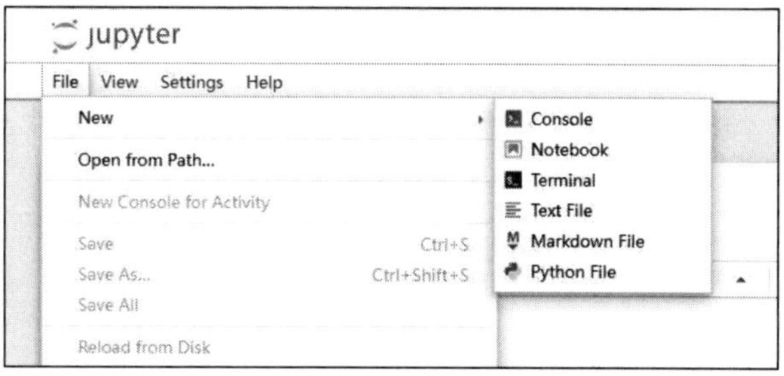

图 1.1.16　Jupyter 中新增 Python 程序

　　新建的 Notebook 文件会在新标签页中打开，这个界面集成了编写代码、运行程序、显示结果等多种功能。可以输入一个简单的 Python 代码 print("Hello, Jupyter!")并运行测试，如图 1.1.17 所示。代码的执行结果会直接显示在代码单元格下方，这种即时反馈的特性使得程序开发和调试变得异常便捷。

图 1.1.17　Python 程序测试

4. Jupyter Notebook 基本操作说明

　　在日常使用 Jupyter Notebook 时，需要掌握一些基本操作。首先是文件管理，可以通过 File 菜单或组合键 Ctrl + S 保存文件。默认情况下，新建的 Notebook 文件名为 Untitled，用户可以通过双击顶部的标题来修改文件名。

　　在编程过程中，经常需要添加新的代码单元格，这可以通过工具栏的"+"按钮完成，或者使用组合键 Alt+回车。Jupyter Notebook 支持两种类型的单元格：代码（Code）和标记（Markdown）。代码单元格用于编写和执行 Python 代码，而标记单元格则用于添加格式化的文本说明。这种代码和文档混合编排的方式，使得程序的开发过程更加条理分明，也更容易维护和分享。

　　当完成工作需要关闭 Jupyter Notebook 时，需要回到命令行窗口，连续按两次组合键 Ctrl+C 来终止服务器。这种关闭方式可以确保所有资源都被正确释放。

1.1.6　Anaconda 的安装与配置

　　Anaconda 大大简化了 Python 科学计算环境的配置过程。它是一个开源的 Python 发行版，不仅包含了 Python 解释器，还预装了大量用于科学计算和数据分析的第三方库。使用 Anaconda，用户可以一次性获得一个完整的科学计算环境，避免了手动安装和配置各种包的烦琐过程。

1. 下载 Anaconda

需要从官方网站上下载 Anaconda 安装程序。网站会自动检测操作系统，并推荐适合的版本。在下载界面中，选择适用于 Windows 系统的安装包，单击 Download 按钮开始下载安装程序，如图 1.1.18 所示。需要注意的是，Anaconda 的安装程序较大，下载时间可能会较长，请确保网络连接稳定。

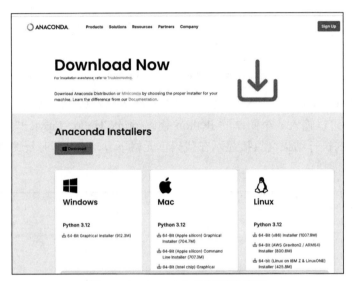

图 1.1.18　Anaconda 官网下载界面

2. 安装 Anaconda

获取安装程序后，双击已下载的文件开始安装，如图 1.1.19 所示。Anaconda 的安装向导会引导用户完成整个安装过程。在安装配置界面中，建议选择 Install for All Users 选项，这样系统的所有用户都可以使用 Anaconda 环境。

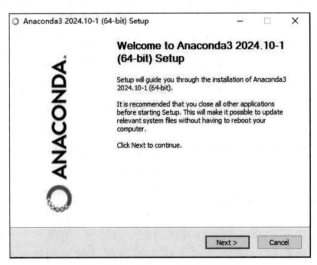

图 1.1.19　Anaconda 安装界面

安装过程中需要进行一些配置，如图 1.1.20 所示。这些配置选项会影响 Anaconda 的使用方式，因此需要根据实际需求谨慎选择。特别是在选择安装路径时，建议使用默认路径，这样可以避免一些潜在的问题。安装过程可能需要几分钟，这取决于计算机的配置和所选组件的多少。

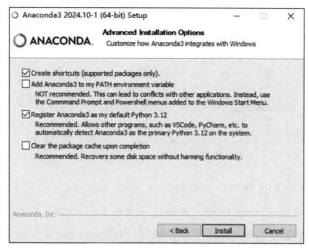

图 1.1.20　Anaconda 配置

当所有组件都安装完成后，会显示安装成功的界面，此时表明 Anaconda 的核心组件已经成功安装到您的系统中。

3. 启动和使用 Anaconda

安装完成后，可以在 Windows 开始菜单中找到并启动 Anaconda Navigator，如图 1.1.21 所示。关闭信息提示窗口后默认显示 Anaconda 的图形用户界面，如图 1.1.22 所示。

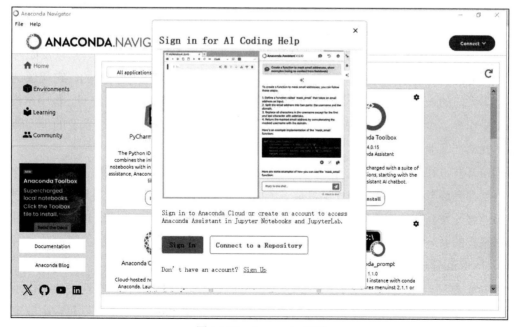

图 1.1.21　Anaconda 界面

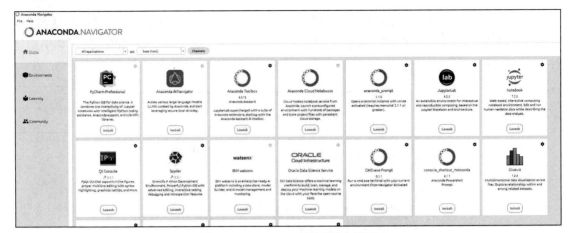

图 1.1.22　Anaconda 图形用户界面

4．Anaconda 环境使用说明

Anaconda 不仅集成了 Python 环境，还包含了大量数据科学相关的程序包。其图形用户界面使得包管理和环境配置变得更加直观。用户可以使用 Anaconda 执行命令行操作，创建和管理不同的 Python 环境。通过内置的 Conda 包管理器，可以方便地安装、更新和管理各种 Python包。这种集成环境特别适合数据分析和科学计算工作。

◉练一练　打开 Anaconda Navigator，查看已安装的 Python 包。

1.1.7　Hello World 程序

编程界有这样一个传统：当初学者开始接触一门新的编程语言时，编写的第一个程序通常是在屏幕上显示 Hello World!。这个简单的程序虽然代码很少，但它包含了程序最基本的输入输出操作，是理解程序结构的重要一步。

通过编写这个程序，可以学习如何使用开发工具、如何编写和运行代码，以及如何处理程序中可能出现的错误。每一个程序员的学习之路都是从 Hello World 开始的，它就像是打开编程世界大门的一把钥匙。这个程序包含了程序设计的最基本要素：代码编写、程序结构、输入输出操作等。对于初学者来说，成功运行第一个 Hello World 程序是一个重要的里程碑，标志着正式踏上了编程之路。

程序开发过程中会遇到各种错误，但这些都是学习过程中必经的阶段。随着练习的增多，这些问题都会逐渐得到解决。编程学习是一个循序渐进的过程，从最简单的 Hello World 开始，到最后能够开发复杂的应用程序，下面简单介绍 Python 的基本概念，并通过后续的学习逐渐形成对编程的系统认识。

1．Python 程序框架

Python 程序框架是最基础的程序结构。Python 使用缩进来划分代码块，这使得代码结构清晰易读。程序从第一行开始按顺序逐行执行代码。每个 Python 程序都可以包含函数定义、变量声明、流程控制等多个部分。

在编写程序时，良好的代码框架和清晰的注释对于程序的可维护性非常重要。Python 是一种解释型语言，这意味着程序不需要编译就可以直接运行。这个特性使得 Python 程序的开发和调试变得更加方便，Python 程序的基本框架如下：

```
#程序的基本框架
'''
程序名称：xxx
程序功能：xxx
程序作者：xxx
'''

#导入所需模块部分
import xxx

#全局常量定义部分
PI = 3.14159

#全局变量定义部分
count = 0

#函数定义部分
def function1():
#函数功能说明

#主程序部分
def main():
#程序主体流程

#程序入口
if __name__ == "__main__":
main()
```

【例 1.1.1】编写一个问候程序，用户输入姓名，程序输出问候语句。

步骤 1： 创建项目。

（1）打开 PyCharm 软件。

（2）单击 Create New Project 命令创建新项目。

（3）创建 Python 文件，如图 1.1.23 所示。

步骤 2： 编写代码。

```
01   #这是一个单行注释示例，输出问候信息
02   def main():
03       #显示欢迎信息
04       print("Hello World!")
05
```

17

```
06    """这是多行注释示例
07    以下代码用于获取用户姓名，并显示问候信息"""
08    #获取用户输入
09    name = input("请输入你的名字：")
10
11    #输出问候语
12    print(f"你好, {name}!")
13
14    if name == "main":
15        main()
```

图 1.1.23　创建 Python 文件

说明：

- 01 行：显示单行注释的使用方式。
- 02～04 行：显示"Hello World!"消息。
- 06、07 行：显示多行注释的使用方式。
- 08、09 行：获取用户输入的名字。
- 11、12 行：输出个性化的问候语。
- 14、15 行：确保程序只在直接运行时执行。

步骤 3：运行程序

（1）单击"运行"按钮或使用组合键 Ctrl+Shift+F10 运行程序，如图 1.1.24 所示。

图 1.1.24　PyCharm 运行界面

（2）输入"小明"查看运行结果，Hello World 程序运行结果如图 1.1.25 所示。

```
Hello World!
请输入你的名字：小明
你好，小明!
```

图 1.1.25　HelloWorld 程序运行结果图

2. 输入与输出语句

（1）输入函数 input()。Python 提供了 input() 函数来接收用户的输入。input() 函数从标准输入（通常是键盘）读取一行文本，并将其作为字符串返回。当程序执行到 input() 函数时，程序会暂停执行，等待用户输入并按回车键。input() 函数可以接收一个可选的字符串参数，这个字符串会作为提示信息显示给用户。需要注意的是，input() 函数返回数据的始终是字符串类型，如果需要其他类型的数据，需要进行类型转换。例如，使用 int() 函数将字符串转换为整数，或使用 float() 函数将字符串转换为浮点数。在实际应用中，通常需要对用户输入进行适当的验证和错误处理，以确保程序的健壮性。

（2）输出函数 print()。在 Python 中，print() 函数是最基本的输出函数，它可以将程序运行的结果显示在屏幕上。这个函数设计简洁、功能强大，不仅可以输出简单的文本信息，还可以处理各种数据类型的输出，包括字符串、数字、列表等。print() 函数的基本用法非常简单，只需要在括号中放入要输出的内容即可。当需要输出多个值时，可以用逗号分隔这些值，print() 函数会自动在这些值之间添加空格。除了基本输出，print() 函数还提供了一些高级功能，比如可以通过 sep 参数指定输出值之间的分隔符，通过 end 参数指定输出的结束符。在程序开发过程中，print() 函数不仅用于输出最终结果，还经常用于调试程序，通过打印中间结果来追踪程序的执行过程。

（3）字符串格式化。字符串格式化是 Python 中一项重要的基础功能，它允许用户以灵活和可控的方式构建字符串。在程序开发过程中，经常需要将不同类型的数据转换成字符串并按照特定格式进行输出，这时就需要用到字符串格式化。Python 提供了三种主要的字符串格式化方式：百分号格式化、format()方法和 f-字符串，每种方式都有其特点和适用场景。

百分号格式化是 Python 最早提供的字符串格式化方法，它使用%作为格式化操作符，左边是格式化字符串，右边是要格式化的值。格式化字符串中的占位符以%开头，后面跟着格式说明符。常用的格式说明符包括%s（字符串）、%d（整数）、%f（浮点数）、%x（十六进制）等，见表 1.1.1。如果要格式化的值多于一个，需要将它们放在元组中。虽然这种方式现在逐渐被新的方法取代，但在维护旧代码时仍然会经常遇到。示例如下：

```
name = "Python"
print("Hello %s!" % name)                          #输出：Hello Python!
```

表 1.1.1　字符串百分号格式化符号

格式符	说明	示例与结果
%d	十进制整数	"%d" % 10→10
%o	八进制整数	"%o" % 10→12
%x	小写十六进制	"%x" % 16→10
%X	大写十六进制	"%X" % 16→10
%mf	浮点数，m 是小数位数	"%.2f" % 3.1415→3.14
%e	小写科学记数法	"%e" % 1000000→1.000000e+06
%E	大写科学记数法	"%E" % 1000000→1.000000E+06
%g	自动选择%f 或%e	"%g" % 3.14→3.14
%s	字符串	"%s" % "Python"→Python
%r	使用 repr()的字符串	"%r" % "Python"→'Python'
%c	单个字符	"%c" % 65→A
%m.n	m 是宽度，n 是小数位数	"%5.2f" % 3.14→" 3.14"

format()方法是在 Python 2.6 中引入的新式字符串格式化方法，它克服了百分号格式化方式的一些限制。使用 format()方法时，需要通过{}在字符串中标记要格式化的位置，然后在 format()方法中传入要格式化的值。这种方法的优点是语法更清晰、功能更强大。format()方法支持按位置访问参数、按名称访问参数以及更复杂的格式化选项，它提供了对齐、填充、浮点数精度控制等丰富的格式化功能。示例如下：

```
print("{} {} {}".format("Python", "is", "awesome"))     #输出：Python is awesome
```

f-字符串（格式化字符串字面量）是 Python 3.6 引入的新方法，它是目前最推荐的字符串格式化方式。f-字符串以 f 或 F 开头，字符串中的表达式用大括号{}包围。与其他格式化方式相比，f-字符串的语法更简洁直观，可以直接在字符串中嵌入 Python 表达式，而不需要在字符串外部传递值。这种方式不仅提高了代码的可读性，还支持任意 Python 表达式。示例如下：

```
name = "Python"
version = 3.8
print(f"{name} {version}")                          #输出：Python 3.8
```

在字符串格式化中，还可以使用各种格式说明符来控制输出的具体格式。常见的格式控制包括对齐方式、填充字符、最小字段宽度、精度等。对于数值类型，可以控制小数位数、千位分隔符、数制（二进制、八进制、十六进制）等。对于日期时间类型，可以指定各种日期和时间的显示格式。这些格式控制选项在三种格式化方式中都可以使用，只是语法略有差异。

在实际编程中，字符串格式化的应用场景非常广泛。在生成报表时，需要将各种数据按照特定格式排列；在显示用户界面时，需要将用户信息格式化显示；在处理文件时，需要构造特定格式的文件名；在操作数据库时，需要构造 SQL 语句等。选择合适的字符串格式化方式，可以让代码更简洁、更易维护，也可以提高程序的运行效率。

需要注意的是，不同的格式化方式各有优缺点。百分号格式化方式语法较为复杂，但在旧代码中使用广泛；format()方法功能强大，但代码相对冗长；f-字符串语法简洁直观，但 Python 3.6以上版本才支持该方法。在实际开发中，推荐优先使用 f-字符串，而在处理旧代码或需要考虑Python 版本兼容性时，可以使用其他字符串格式化方式。深入理解这些格式化方式的特点和使用场景，对于编写高质量的 Python 代码非常重要。

（4）转义字符。在程序设计中，有一些字符并不能直接使用键盘输入，如换行符、制表符等；还有一些字符在程序中有特殊含义，如单引号、双引号等。为了在程序中使用这些特殊字符，Python 引入了转义字符（Escape Character）的概念。

转义字符是以反斜杠（\）开头的字符序列，用于表示一个特殊字符。例如，\n 表示换行符，"\t"表示制表符。当字符串中包含转义字符时，Python 会将其解释为相应的特殊字符，常用转义字符见表 1.1.2。

表 1.1.2　常用转义字符

转义字符	说明	示例结果
\\	反斜杠符号	print("\\") → \
\'	单引号	print("\'") → '
\"	双引号	print("\"") → "
\n	换行	print("Hello\nWorld") → Hello[换行]World
\r	回车	print("Hello\rWorld") → World
\t	水平制表符	print("Hello\tWorld") → Hello[tab]World
\b	退格（删除前一字符）	print("Hello\bWorld") → HellWorld
\f	换页	print("Hello\fWorld") → Hello[换页]World
\v	垂直制表符	print("Hello\vWorld") → Hello[垂直 tab]World
\a	响铃	print("\a") → [响铃声]
\N{name}	Unicode 字符名	print("\N{SNOWMAN}") → ☃
\uxxxx	16 位 Unicode 字符	print("\u0020") → [空格]
\Uxxxxxxxx	32 位 Unicode 字符	print("\U00000020") → [空格]
\ooo	八进制数表示的字符	print("\141") → a
\xhh	十六进制数表示的字符	print("\x41") → A

使用转义字符不仅可以在字符串中包含特殊字符，还能解决字符串中包含引号的问题。例如，如果要在字符串中包含双引号，可以使用\"；如果要在字符串中包含单引号，可以使用

\'。此外，如果不希望反斜杠被解释为转义字符的开始，可以在字符串前加上字母 r，表示原始字符串（Raw String）。在原始字符串中，反斜杠会被当作普通字符处理。

在实际编程中，转义字符的灵活运用可以更好地控制程序的输出格式，实现更加复杂的字符串处理功能。

●练一练　使用 print()函数输出"Welcome to Python!"。

3. 注释

（1）单行注释与多行注释。Python 中的注释用于解释代码的功能和实现思路，是程序代码的重要组成部分。Python 支持两种注释方式：使用#号的单行注释和使用三引号的多行注释。单行注释以#号开始，#号后面的内容都会被解释器忽略，通常用于对某一行代码或某个简单操作的说明；多行注释使用三个单引号（'''）或三个双引号（"""）包围，可以跨越多行，通常用于函数说明、模块描述等较长的注释内容。在实际开发中，合理使用注释不仅能提高代码的可读性，还能帮助其他开发者更好地理解和维护代码。示例如下：

```
#这是单行注释示例
x = 10                                    #定义变量 x 并赋值为 10


"""
这是多行注释示例
可以跨越多行
通常用于较长的说明
"""
```

（2）注释的规范与建议。在现代软件工程中，掌握正确的书写注释堪比掌握编程语言本身。优秀的注释应该像一位细心的讲解员，在恰当的时机为代码提供必要的解释说明。特别是在处理程序声明、类定义、复杂算法实现等关键环节时，详实的注释能大大降低其他开发者理解代码的门槛。然而，注释并非越多越好，开发者需要在代码的自描述性和注释的必要性之间找到平衡点。例如，当变量名称已经足够清晰时，就无需再添加赘余的注释说明。另一个常被忽视但极其重要的问题是注释的时效性，过时的注释不仅无法发挥作用，反而会成为维护代码的绊脚石。因此，在团队开发中，建立统一的注释规范并确保注释的及时更新，是提高代码质量的关键举措。这种规范应该包括注释的位置、格式等具体要求，使团队成员能够以统一的标准来理解和维护代码。

4. 缩进

Python 最独特的语法特征就是使用缩进来组织代码结构。与其他编程语言使用花括号{}或关键字（如 begin/end）不同，Python 通过缩进来标识代码块的从属关系。标准的 Python 代码使用 4 个空格作为基本缩进单位，这不仅让代码更加整洁，也强制开发者编写结构清晰的程序。

在编写一个复杂的程序结构时，每个新的代码块都应该在冒号之后开始，并且较之前一级多缩进 4 个空格。比如在定义函数、编写条件语句或循环时都需要使用缩进。下面是一个简单的示例：

```
def greet(name):
    if name.startswith('A'):
        return "Hello, " + name
```

```
    else:
        return "Hi, " + name
```

缩进的规则虽然简单，但稍不留神就可能产生错误。最常见的问题是在同一个文件中混用了空格和制表符，这可能导致代码在不同的编辑器中显示不一致，甚至引发运行错误。为了避免这种情况，Python 社区达成了共识：始终使用空格进行缩进，并且在一个项目中保持统一的缩进风格。

在编写多行语句时，Python 提供了一些灵活的语法选择。可以使用圆括号、方括号或花括号实现隐式的多行语句，也可以使用反斜杠来显式地延续一行代码。下面是一个简单的示例：

```
total = (100 + 200 +
        300 + 400)                          #使用括号实现多行
```

缩进不仅仅是一种编码风格，更是 Python 语言的核心语法要素。它可以创建了清晰的代码层次结构，使得程序的逻辑关系一目了然。遵循良好的缩进习惯，不仅能让代码更易读，也能降低出错的概率。在实际开发中，使用 IDE 的自动缩进功能来协助编码，可以大大提高开发效率。

需要特别注意的是，Python 中的 pass 语句可以用来标识一个空的代码块，这在开发过程中编写框架代码时特别有用。而对于较长的语句，可以利用括号或反斜杠来跨行书写，但要确保维持良好的代码可读性。

5. 调试技术

Python 提供了多种调试工具和技术，帮助开发者找出和修复程序中的错误。最简单的调试方法是使用 print()函数打印变量值和执行流程。Python 标准库中的 pdb 模块提供了一个交互式的源代码调试器，可以设置断点、单步执行程序、检查变量等。许多 IDE 如 PyCharm、Visual Studio Code 等也提供了图形化的调试工具，使调试过程更加直观和便捷。在调试过程中，异常处理也是一个重要的技术，通过 try-except 语句可以捕获和处理程序运行时可能出现的错误。此外，使用日志模块（logging）记录程序运行信息，也是一种有效的调试手段，特别是在处理复杂系统时。掌握这些调试技术对于提高程序的质量和开发效率至关重要。

PyCharm 调试实践：PyCharm 作为 Python 最流行的集成开发环境之一，提供了强大的可视化调试功能。开发者可以通过在代码行号右侧区域单击来设置断点，系统会显示一个醒目的红色圆点标记。也可以使用组合键 Ctrl+F8（Windows 系统）或 Command + F8（mac OS 系统）来快速设置断点，如图 1.1.26 所示。

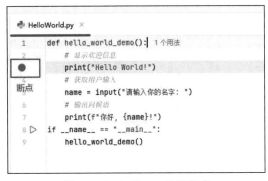

图 1.1.26　PyCharm 设置断点

启动调试有两种方式：单击工具栏中的 Debug 按钮（带有虫子图标），或使用组合键 Shift+F9。程序开始运行后会在第一个断点处自动暂停，等待开发者进行下一步操作，如图 1.1.27 所示。

图 1.1.27　PyCharm 启动调试

在调试过程中，PyCharm 提供了多种执行控制方式。使用 F8 键可以执行 Step Over 操作，即逐行执行代码但不进入函数内部；使用 F7 键可以执行 Step Into 操作，即进入函数内部进行调试；使用组合键 Shift+F8 可以执行 Step Out 操作，即完成当前函数的执行并返回；使用 F9 键则继续执行代码直到遇到下一个断点，调试控制面板如图 1.1.28 所示。

图 1.1.28　PyCharm 调试控制面板

在调试控制面板中，可以实时观察当前作用域内所有变量的值。开发者还可以在 Watches 窗口中添加需要特别关注的变量。此外，将鼠标悬停在代码中的变量上，可以快速查看该变量的当前值，如图 1.1.29 所示。

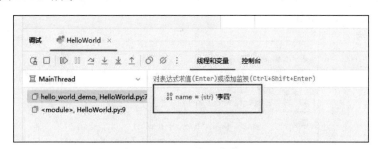

图 1.1.29　PyCharm 变量监控

调试界面的 Frames 窗口显示了完整的调用栈信息，开发者可以在不同的栈帧之间切换，查看程序在不同层级的执行状态和变量值。这种层次化的调用栈视图，有助于开发者理解程序的执行路径和定位问题，如图 1.1.30 所示。

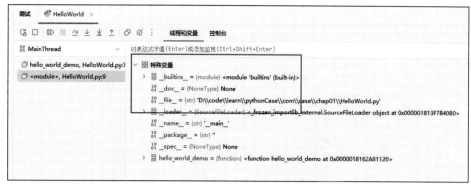

图 1.1.30 PyCharm 查看调用栈信息

这种图形化的调试界面大大简化了程序调试的复杂度，使得开发者能够更加直观地观察程序的执行过程和数据变化。对于 Python 初学者而言，掌握 PyCharm 的调试功能不仅有助于快速定位和解决问题，也能加深对程序运行机制的理解。在实际开发中，建议将 PyCharm 的可视化调试与 print()函数打印调试、日志模块记录等方法结合使用，选择最适合当前场景的调试策略。

【任务实施】

诚信科技公司正在开发新一代电商平台，为提升用户体验，需要设计一个直观友好的欢迎界面。本任务将使用 Python 开发商城系统的欢迎界面，通过 datetime 模块处理时间信息，结合字符串操作创建界面效果，并实现基本的用户交互功能。

步骤 1：启动 IDE。

打开 PyCharm 或 VS Code 等集成开发环境，确保 Python 解释器已正确配置，如图 1.1.31 所示。

图 1.1.31 PyCharm 启动界面

步骤 2：新建 Python 程序文件。

创建一个新的 Python 文件，将其命名为 mall_welcome.py，用于编写商城欢迎界面程序，如图 1.1.32 所示。

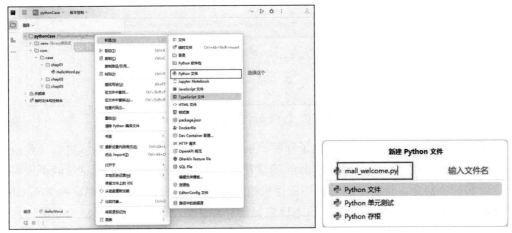

图 1.1.32　新建 Python 程序文件

步骤 3：导入所需模块。

导入程序所需的 Python 标准库模块，包括处理时间的 datetime 模块，代码如下：

```python
import datetime
```

步骤 4：设计欢迎界面布局。

使用 print()函数和字符串操作设计商城欢迎界面的整体布局，包括标题、边框和功能区域，代码如下：

```python
#清理控制台显示
print('\n' * 2)

#显示商城标题和版本信息
print('*' * 50)
print('*' + ' ' * 15 + '欢迎访问诚信科技购物商城' + ' ' * 12 + '*')
print('*' + ' ' * 19 + 'V1.0 版本' + ' ' * 20 + '*')
print('*' * 50)

#显示商城主要功能菜单
print('\n=== 商城功能导航 ===')
print('1. 商品浏览与搜索')
print('2. 购物车管理')
print('3. 会员登录/注册')
print('4. 订单管理中心')
print('5. 退出系统')

#显示底部联系信息
print('\n' + '-' * 50)
print('联系方式：诚信科技客服中心')
```

```
print('服务电话：400-×××-9999')
print('-' * 50)
```

步骤 5：实现时间显示功能。

使用 datetime 模块获取并格式化显示当前系统时间，增强界面的实用性，代码如下：

```
#获取并显示当前时间
current_time = datetime.datetime.now().strftime('%Y-%m-%d %H:%M:%S')
print(f'\n 当前时间：{current_time}')
```

步骤 6：添加用户输入功能。

使用 input()函数获取用户输入的功能选择，代码如下：

```
#获取用户输入
choice = input('\n 请输入您要进行的操作(1-5)：')
print(f'您选择了选项：{choice}')
```

完整代码如下：

```
01    import datetime
02
03    def display_welcome_banner():
04        #清理控制台显示
05        print('\n' * 2)
06
07        #显示商城标题和版本信息
08        print('*' * 50)
09        print('*' + ' ' * 15 + '欢迎访问诚信科技购物商城' + ' ' * 12 + '*')
10        print('*' + ' ' * 19 + 'V1.0 版本' + ' ' * 20 + '*')
11        print('*' * 50)
12
13        #获取并显示当前时间
14        current_time = datetime.datetime.now().strftime('%Y-%m-%d %H:%M:%S')
15        print(f'\n 当前时间：{current_time}')
16
17        #显示商城主要功能菜单
18        print('\n=== 商城功能导航 ===')
19        print('1. 商品浏览与搜索')
20        print('2. 购物车管理')
21        print('3. 会员登录/注册')
22        print('4. 订单管理中心')
23        print('5. 退出系统')
24
25        #显示底部联系信息
26        print('\n' + '-' * 50)
27        print('联系方式：诚信科技客服中心')
28        print('服务电话：400-×××-9999')
29        print('-' * 50)
30
31        #获取用户输入
32        choice = input('\n 请输入您要进行的操作（1～5）：')
```

27

```
33          print(f' 您选择了选项：{choice}')
34
35    if __name__ == "__main__":
36          print('系统初始化完成...')
37          display_welcome_banner()
```

说明：

- 01 行：导入程序所需的时间处理模块 datetime。
- 03～33 行：定义 display_welcome_banner()函数，用于显示商城欢迎界面的主要内容。
- 05 行：通过打印空行清理控制台显示。
- 08～11 行：使用字符串重复和拼接操作创建商城标题区域。
- 14、15 行：获取并格式化显示当前系统时间。
- 18～23 行：显示商城系统的主要功能菜单。
- 26～29 行：显示商城的联系方式信息。
- 32、33 行：获取并显示用户的输入选择。
- 35～37 行：程序入口部分，显示初始化信息并调用欢迎界面显示函数。

程序运行结果如图 1.1.33 所示。

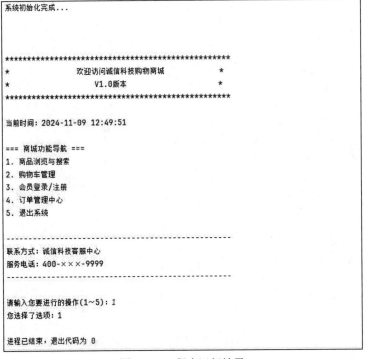

图 1.1.33 程序运行结果

【任务小结】

本任务主要讲述以下内容：

（1）Python 的基本概念、特点和发展历史，及其在金融领域的应用。

（2）Python 编程环境搭建和基础编程概念，Python 解释器、Jupyter Notebook 和 Anaconda 的安装与配置方法。

（3）Python 程序的基本框架，输入输出函数基本使用，单行注释和多行注释的使用方法。其中，print()函数用于信息的显示输出，input()函数用于获取用户输入。

（4）PyCharm 中创建 Python 文件，编写、运行程序的基本步骤。

【课堂练习】

1．使用 print()函数输出一段欢迎语："欢迎使用 Python 金融计算器"，并尝试在同一行中再输出"祝您投资顺利！"

2．请完成以下编程任务。

（1）使用 input()函数询问用户的姓名和期望的投资金额，并将用户的输入信息打印出来，例如："您好，[姓名]，您计划投资[金额]元"。

（2）请在程序中编写单行注释说明程序用途，编写多行注释说明开发者信息和日期，并注意观察两种注释的区别。

【课后习题】

一、填空题

1．Python 中打印输出使用的函数是_____。

2．Python 中接收用户输入的函数是_____。

3．Python 中的单行注释符号是_____。

4．Python 中的多行注释使用_____和_____包裹。

5．Anaconda 集成环境中运行交互式笔记本的命令是_____。

二、简答题

1．简述 Python 编程环境搭建的主要步骤。

2．解释 Jupyter Notebook 的优势及其主要用途。

3．什么是程序调试？Python 程序调试的基本方法有哪些？

三、实践题

1．环境搭建任务。

（1）安装 Anaconda 环境。

（2）通过 Anaconda 启动 Jupyter Notebook。

（3）创建一个新的 Notebook 文件。

2．基础编程任务。

请编写一个 Python 程序，完成以下功能：

（1）输出"Welcome to Python World!"。

（2）请用户输入姓名。

（3）向用户显示个性化的欢迎信息。

（4）在程序中使用单行注释和多行注释。

3．调试练习。

以下代码中存在错误，请找出并修正：

```
print('Hello World")
name = input("请输入您的名字：'
print(Welcome, name)
```

4．综合应用。

小明在某银行工作，需要编写一个简单的 ATM 欢迎程序，要求如下：

（1）显示欢迎界面。

（2）询问用户姓名。

（3）询问用户要办理的业务类型（存款/取款/查询）。

（4）针对用户的选择显示相应的提示信息。

（5）程序中需要包含适当的注释说明。

模块 2 界 面 实 现

模块介绍

本模块聚焦于商城系统界面的实现，循序渐进地帮助读者全面掌握 Python 编程的基础知识和控制台应用程序界面开发技能。整个模块有两个主要任务：一是介绍 Python 程序基础内容，涵盖了变量、数据类型、常用运算符的基础知识；二是介绍程序控制结构语句，包括分支语句、循环语句。通过模块的学习，读者能逐步掌握 Python 编程基础知识，完成控制台应用程序的界面开发。

知识图谱

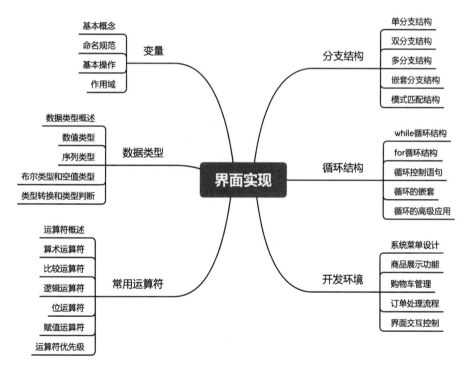

模块目标

知识目标

● 掌握 Python 变量定义、数据类型及常用运算符的使用。

- 掌握程序控制结构（分支、循环）语句的使用。
- 掌握控制台应用程序界面的实现方法。

能力目标

- 能够熟练运用 Python 基础语法实现业务逻辑。
- 能够运用程序控制结构（分支，循环）语句实现复杂的业务逻辑。
- 能够根据业务需求设计并实现用户友好的界面。

素质目标

- 培养严谨的编程思维。
- 培养良好的编码编写规范，树立工程化思维。
- 具备团队协作和沟通表达的能力。
- 培养解决实际问题的创新思维。
- 建立持续学习和自我提升的意识。
- 注重代码质量和安全性。

任务 2.1　实现商城系统界面

【任务目标】

诚信科技公司的电商平台升级在即，为提升用户体验感和运营效率，公司决定对商城系统界面进行全面优化。作为项目组成员，你将参与商城界面的开发工作。本任务将带领读者掌握 Python 界面编程的基础知识，包括变量使用、数据类型操作和常用运算符应用等核心内容。通过这些基础知识的学习，为后续开发更复杂的商城功能模块打下坚实基础。

通过本任务的学习，实现以下目标：

（1）了解 Python 变量的基本概念，掌握变量的定义方法和命名规范，理解变量作用域的重要性。

（2）掌握 Python 的基本数据类型，包括数值和字符串的使用方法和特点，能够根据实际需求选择合适的数据类型。

（3）熟悉 Python 中常用运算符的使用，包括算术运算符、赋值运算符、比较运算符、逻辑运算符、成员运算符和身份运算符。

（4）理解运算符的优先级规则，能够在编写商城系统时正确使用各类运算符进行复杂的逻辑运算和条件判断。

（5）能够运用所学知识实现商城系统的基本界面功能，主要功能有商品展示、购物车和价格计算等。

【思政小课堂】

匠心精品，用户至上。商城系统的界面开发不仅是技术的实现，更是服务用户的重要窗口。作为诚信科技公司的开发人员，需要始终秉持"匠心精品，用户至上"的理念，将工匠精神融入每一个界面细节。

在界面开发过程中，要注重用户体验，精心设计每一个交互环节，着重保护用户信息安全，严格遵守数据保护规范，保证代码的质量，确保系统稳定可靠，坚持创新，不断优化界面功能，用专业的技术能力和责任心，打造既美观又实用的商城界面，为用户提供优质的购物体验，为企业创造更大的价值，努力成为兼具技术实力和职业操守的 IT 工程师。

【知识准备】

2.1.1 变量

在商城系统的界面开发中，需要存储商品价格、用户信息、订单数据等各类信息。变量就是"数据容器"，帮助存储和管理这些信息。作为 Python 开发的初学者，需要深入了解变量的基本概念和使用方法。

1. 基本概念

变量是计算机程序中存储数据的基本单位，在 Python 中，变量实际上是指向内存中对象的引用。当进行赋值操作时，Python 会在内存中创建一个对象，然后将变量指向这个对象的内存地址。变量的类型是动态的，由所引用对象的类型决定，这意味着同一个变量可以在不同时刻引用不同类型的对象。这种动态类型系统是 Python 区别于 C、C++等静态类型语言的重要特征。示例如下：

```
x = 42                            #x 是整数类型变量
x = "Python"                      #x 是字符串类型变量
```

Python 中的变量不需要显式声明类型，解释器会根据赋值自动推断变量类型。所有变量在使用前都必须赋值，变量被赋值后才会被创建。

在 Python 中，变量的赋值实际上是建立了从变量名到值对象的引用。当进行赋值操作时，并不会复制值对象，而是创建一个新的引用。这种引用机制导致 Python 中的变量具有特殊的行为，尤其在处理可变对象（如列表、字典）时需要特别注意。例如，当多个变量引用同一个可变对象时，通过任何一个变量修改对象都会影响其他变量。示例如下：

```
list1 = [1, 2, 3]                 #创建一个列表
list2 = list1                     #list2 引用同一个列表对象
list2.append(4)                   #修改列表
print(list1)                      #输出[1, 2, 3, 4]
```

在 Python 中，变量的基本使用涉及不同数据类型的赋值操作。Python 支持多种内置数据类型，包括数字、字符串、布尔值等。通过赋值操作，可以将不同类型的数据存储在变量中。示例如下：

```
x = 42                            #整数类型赋值变量
name = "Python"                   #字符串类型赋值变量
pi = 3.14159                      #浮点数类型赋值变量
is_valid = True                   #布尔类型赋值变量
```

Python 还支持在一行代码中同时对多个变量进行赋值，这种特性被称为多重赋值。多重赋值不仅使代码更简洁，还能方便地实现变量值的交换。示例如下：

```
x, y = 1, 2                       #x 被赋值为 1，y 被赋值为 2
x, y = y, x                       #交换 x 和 y 的值
```

为了简化某些常见的运算操作，Python 提供了增强赋值运算符。这些运算符将算术运算和赋值操作结合在一起，使代码更加简洁。示例如下：

```
n = 5                          #初始赋值
n += 3                         #等价于 n = n + 3
```

理解变量的基本概念对于编写正确的程序至关重要。在 Python 中，一切皆为对象，变量只是指向这些对象的名称。当使用赋值语句时，实际上是将变量名绑定到新的对象上。赋值操作不会复制对象的内容，只是改变引用关系。这种机制使得 Python 的内存管理更加高效，但同时也要求程序员对变量引用的概念有清晰的认识。

2. 命名规范

在 Python 编程中，变量命名规范是一个看似简单但实际上涉及诸多细节和原则的重要主题。Python 通过 PEP 8（Python Enhancement Proposal 8）这一官方编码风格指南，为变量命名提供了全面而详细的规范建议。从技术角度来看，Python 变量名必须以字母或下划线开头，后面可以跟任意数量的字母、数字或下划线。这种规则看似简单，但实际上体现了编程语言在标识符设计上的深思熟虑：字母开头可以避免与数字常量混淆，而允许下划线开头则为特殊用途的命名提供了可能性。Python 的变量名区分字母大小写，这一特性增加了变量命名的灵活性，但同时也要求程序员在命名时需要更加谨慎，避免仅通过字母大小写区分不同的变量。示例如下：

```
first_name = "Alice"           #以字母开头的标准变量名
_hidden = 123                  #以下划线开头的变量名
Age = 20                       #字母大写开头的变量名（与 age 不同）
```

从实践角度来看，变量的命名规范可以分为语法规范和风格规范两个层面。语法规范是硬性的，违反语法规范的命名会导致程序无法运行。例如，变量名不能使用 Python 的关键字（如 if、while、for 等），不能以数字开头，不能包含特殊字符（除了下划线）。风格规范虽然不会影响程序的运行，但对于代码的可读性和可维护性有着重要影响。良好的变量命名风格可以大大减少代码文档的需求，因为变量名本身就能清晰地表达其用途和含义。这也是为什么 PEP 8 对变量命名提供了详细的规范建议。示例如下：

```
total_sum = 100                #符合语法规范的命名
#1st_value = 10                #非法：不能以数字开头
#if = "test"                   #非法：不能使用关键字
#user-name = "Bob"             #非法：不能使用连字符
```

在专业的 Python 开发程序中，变量命名还需要考虑到作用域和可见性。例如，单下划线开头的变量名（如 _internal_value）通常用于表示模块内部使用的变量，这是一种约定俗成的命名方式，用于实现 Python 的"弱"私有属性；双下划线开头的变量名会触发 Python 的名称修饰（Name Mangling）机制，这种机制主要用于类属性的命名，以避免子类中的命名冲突。这些命名规范反映了 Python 在设计上的一个重要理念：通过命名规范而不是通过严格的访问控制机制来实现代码的封装和模块化。示例如下：

```
#标准的变量命名示例
user_name = "Alice"            #普通变量，使用下划线连接
MAX_CONNECTIONS = 1000         #常量使用大写字母
_internal_value = 42           #以下划线开头表示模块内部使用的变量
```

```
#不规范的命名示例（虽然语法正确但不推荐）
userName = "Bob"                              #不符合 Python 风格
a = 100                                       #过于简单的名称
l = [1, 2, 3]                                 #使用容易混淆的字母
__private__ = "test"                          #不恰当使用双下划线

#非法的命名示例
2nd_value = 10                                #不能以数字开头
my-name = "John"                              #不能使用连字符
class = "Python"                              #不能使用关键字
```

在现代软件开发环境中，变量命名的重要性还体现在团队协作和代码维护方面。标准的命名规范能够帮助团队成员更快地理解彼此的代码，减少沟通成本，提高开发效率。特别是在大型项目中，良好的变量命名规范可以显著降低代码的维护成本，减少因命名不当导致的 Bug。因此，在专业的 Python 开发中，始终遵循规范的命名方式已经成为一项基本素质。

例如，在处理学生成绩管理系统时，可以这样命名变量：

```
student_count = 30                            #学生总数
average_score = 85.5                          #平均分
highest_score = 98                            #最高分
passing_threshold = 60                        #及格线
current_semester = "2023Fall"                 #当前学期
```

3. 基本操作

在 Python 中，变量的基本操作涉及赋值、算术运算、增量操作等多个方面。这些操作的底层实现机制与 Python 的对象模型密切相关。Python 作为一种面向对象的编程语言，其所有的数据都是对象，变量实际上是指向这些对象的引用。这种设计不仅使得 Python 的变量操作更加灵活，也为内存管理提供了更高效的机制。当进行变量操作时，Python 解释器会根据操作类型和变量引用的对象类型，自动选择适当的处理方式。示例如下：

```
a = 42                                        #创建整数对象并将 a 指向它
b = a                                         #b 也指向同一个对象
a = 100                                       #a 指向新的对象，b 仍然指向 42
```

变量的赋值操作是最基础、最常用的操作之一，Python 中的赋值操作实际上是创建或修改引用关系的过程。当执行赋值语句时，Python 会先计算等号右边的表达式，得到一个对象，然后将变量名与这个对象建立引用关系。这种机制导致了 Python 变量赋值的一些独特行为：对于不可变对象（如数字、字符串、元组），赋值操作会创建新的对象；而对于可变对象（如列表、字典），多个变量可能会引用同一个对象。理解这种机制对于避免程序中的潜在错误至关重要。示例如下：

```
#不可变对象的赋值
x = "hello"                                   #创建字符串对象
y = x                                         #y 指向同一个字符串对象
y = "world"                                   #y 指向新的字符串对象，x 不变

#可变对象的赋值
list1 = [1, 2, 3]                             #创建列表对象
```

```
list2 = list1                              #list2 指向同一个列表对象
list2.append(4)                            #修改列表，list1 也会改变
```

Python 提供了多种高级的赋值方式，包括多重赋值、解包赋值和增强赋值等。多重赋值允许同时为多个变量赋值，这不仅使代码更简洁，也为变量交换等操作提供了便利。解包赋值则允许将可迭代对象的元素直接赋值给多个变量，这在处理函数返回值或数据结构时特别有用。增强赋值（如+=、-=等）则将算术运算和赋值合并为一个操作，提高了代码的简洁性和可读性。示例如下：

```
#多重赋值
x, y = 1, 2                                #同时给多个变量赋值
a, b = b, a                                #交换两个变量的值

#解包赋值
point = (3, 4)                             #创建元组
x, y = point                              #解包赋值到多个变量
first, *rest = [1, 2, 3]                   #序列解包，rest 得到[2, 3]

#增强赋值
count = 0                                  #初始值
count += 1                                 #等价于 count = count + 1
total = 10                                 #初始值
total *= 2                                 #等价于 total = total * 2
```

变量的算术运算和比较运算也是常见的操作。Python 支持标准的算术运算符（+、-、*、/等）和比较运算符（<、>、==等）。这些运算符的行为取决于操作数的类型，Python 会根据对象的类型自动选择适当的操作方法。这种多态性使得 Python 的变量操作更加灵活，但同时也要求程序员对不同类型对象的运算规则有清晰的认识。示例如下：

```
#算术运算
num1 = 10                                  #数值运算
num2 = 3
result = num1 / num2                       #除法运算，得到浮点数

#字符串运算
str1 = "Hello"
str2 = "World"
greeting = str1 + " " + str2               #字符串连接

#比较运算
x = 5                                      #比较操作
y = 10
is_less = x < y                            #比较结果为 True
```

【例 2.1.1】创建一个商品价格计算的示例程序，展示基本的数值运算操作。

（1）实现商品总价的计算。

（2）实现商品折扣后价格的计算。

（3）实现税费的计算。

（4）计算最终应付金额。

程序代码如下：

```
01  def calculate_price():
02      price = 299.99                          #商品单价
03      quantity = 2                            #购买数量
04      discount = 0.8                          #折扣率（8折）
05      tax_rate = 0.13                         #税率13%
06      subtotal = price * quantity             #计算小计
07      discount_price = subtotal * discount    #计算折扣价
08      tax = discount_price * tax_rate         #计算税费
09      final_price = discount_price + tax      #最终价格
10      print(f"商品总价: ¥{subtotal:.2f}")
11      print(f"折扣后价格: ¥{discount_price:.2f}")
12      print(f"税费: ¥{tax:.2f}")
13      print(f"应付金额: ¥{final_price:.2f}")
14
15  if __name__ == "__main__":
16      calculate_price()
```

说明：

- 02～05 行：设置基本变量：商品单价、购买数量、折扣率和税率。
- 06 行：计算商品小计金额。
- 07 行：计算商品折扣后价格。
- 08 行：计算税费。
- 09 行：计算最终应付金额。
- 10～13 行：格式化输出各项金额。

商品价格计算示例程序运行结果，如图 2.1.1 所示。

```
商品总价: ¥599.98
折扣后价格: ¥479.98
税费: ¥62.40
应付金额: ¥542.38
```

图 2.1.1　程序运行结果

4．作用域

变量的作用域（Scope）是 Python 编程中一个核心概念，它定义了变量在程序中的可见范围和生存期。Python 采用 LEGB 规则来解析变量的作用域，这是一个由内而外的名字查找机制，查找顺序依次为局部作用域（Local）、嵌套作用域（Enclosing）、全局作用域（Global）和内置作用域（Built-in）。理解这种作用域机制对于编写可维护的程序、避免变量命名冲突以及正确访问和修改变量值都至关重要。示例如下：

```
x = 100                                 #全局变量

def outer_function():
    y = 200                             #嵌套作用域变量
```

37

```
    def inner_function():
        z = 300                              #局部变量
        print(x, y, z)                       #可以访问所有作用域的变量
    inner_function()

len = 10                                     #不建议覆盖内置函数名
print(len([1, 2, 3]))                        #会报错，因为 len 已不是内置函数
```

局部作用域是最内层的作用域，通常指在函数内部定义的变量。这些变量只在函数执行期间存在，函数执行完毕后就会被销毁。局部变量的这种特性保证了函数的独立性和代码的模块化，避免了不同函数之间的变量相互干扰。当在函数内部定义一个变量时，Python 默认将其视为局部变量，这种设计有助于避免函数意外修改全局变量。然而，这也意味着如果需要在函数内部修改全局变量，必须使用 global 关键字进行显式声明。示例如下：

```
def demonstrate_lifecycle():
    local_var = "local"                      #局部变量开始生命周期
    print(local_var)
    return                                   #局部变量结束生命周期

global_var = "global"                        #全局变量在程序开始时创建
demonstrate_lifecycle()
print(global_var)                            #全局变量在整个程序运行期间都存在
```

嵌套作用域出现在函数嵌套的情况下，它是介于局部作用域和全局作用域之间的中间层。在嵌套函数（内部函数）中可以访问外部函数中定义的变量，这些变量对于内部函数形成了闭包。闭包是 Python 实现函数式编程的重要机制，它允许内部函数保持对外部函数作用域中变量的引用。当需要在内部函数中修改外部函数的变量时，需要使用 nonlocal 关键字进行声明，这种机制确保了嵌套函数之间变量访问的准确性。示例如下：

```
def counter():
    count = 0                                #外部函数变量

    def increment():
        nonlocal count                       #声明使用外部函数的变量
        count += 1                           #修改外部函数的变量
        return count

    def get_count():
        return count                         #访问外部函数的变量

    return increment, get_count
```

变量的生命周期与其作用域密切相关。全局变量的生命周期通常为整个程序的运行期间，而局部变量的生命周期仅限于其所在函数的执行期间。这种生命周期管理机制有助于内存的高效使用和自动回收。Python 的垃圾回收器会自动处理不再使用的变量所占用的内存，程序员无需手动管理内存，这大大简化了编程工作，但也要求程序员对变量的生命周期有清晰的认识，以避免发生内存泄漏等问题。

在实际开发中，合理使用变量作用域可以提高代码的可维护性和可重用性。例如，通过将变量限定在适当的作用域内，可以减少全局变量的使用，降低模块之间的耦合度。同时，理解变量作用域也有助于调试程序，因为许多 Bug 的出现都与变量作用域的混淆有关。因此，在编写 Python 程序时，应该始终注意变量的作用域，选择合适的作用域来定义和使用变量。

●练一练　请定义两个商品名，并使用多重赋值来交换名称。

2.1.2　数据类型

在商城系统的开发过程中，需要处理各种不同类型的数据，如商品价格（数值类型）、商品描述（字符串类型）、商品规格列表（序列类型）等。Python 作为一种动态类型语言，提供了丰富的内置数据类型来满足不同场景的数据处理需求。深入理解 Python 的数据类型体系，对于开发高质量的应用程序至关重要。

1. 数据类型概述

Python 的类型系统是其最显著的特征之一，它采用了动态类型和强类型的结合方式。所谓动态类型，是指变量的类型在运行时确定，而不需要在声明时指定；强类型则表示 Python 会严格检查类型的匹配性，不会进行隐式的类型转换。这种设计既保证了代码的灵活性，又提供了类型的安全保障。在 Python 中，一切皆为对象，每个值都是某个类的实例，这种统一的对象模型使得 Python 的类型系统更加优雅和一致。示例如下：

```
x = 42                          #x 的类型在赋值时自动确定为整数
print(type(x))                  #输出<class 'int'>
x = "Hello"                     #x 现在变成了字符串类型
print(type(x))                  #输出<class 'str'>
```

从实现机制来看，Python 的类型系统建立在引用语义之上。当创建一个值时，Python 会在内存中创建一个对象，并将其类型信息存储在对象头部。变量实际上是这个对象的引用，通过引用可以访问对象的值和类型信息。这种机制使得 Python 能够在运行时动态地检查和操作对象的类型，为反射和元编程等高级特性提供了基础。同时，Python 的类型系统还支持多态性，同一个操作符或函数可以根据操作数的类型表现出不同的行为。

在 Python 中，数据类型大致可以分为以下 6 类：

（1）数值类型：包括整数（int）、浮点数（float）、复数（complex）。

（2）序列类型：包括字符串（str）、列表（list）、元组（tuple）。

（3）映射类型：字典（dict）。

（4）集合类型：集合（set）、固定集合（frozenset）。

（5）布尔类型：布尔值（bool）。

（6）空值类型：None。

示例如下：

```
#基本数据类型示例
integer_value = 42              #整数类型
float_value = 3.14159           #浮点数类型
complex_value = 1 + 2j          #复数类型
string_value = "Python"         #字符串类型
bool_value = True               #布尔类型
none_value = None               #空值类型
```

列表、元组、字典、集合等类型在后续章节会有详细介绍，在此不作赘述。

每种数据类型都有其特定的操作方法和使用场景，了解它们的特点和适用范围对于编写高质量的程序至关重要。在数据类型的使用过程中，需要注意可变类型（如列表、字典、集合）和不可变类型（如整数、字符串、元组）的区别，这种区别会影响到变量的赋值行为和函数参数的传递方式。示例如下：

```
#可变类型和不可变类型的区别
immutable_str = "hello"                       #字符串是不可变的
new_str = immutable_str.upper()               #创建新的字符串对象

mutable_list = [1, 2]                         #列表是可变的
mutable_list.append(3)                        #直接修改原列表对象
```

2. 数值类型

数值类型是 Python 中最基础的数据类型之一，主要用于表示数字和进行数学计算。Python 提供了三种主要的数值类型：整数、浮点数和复数。整数类型在 Python 3 中统一使用 int 表示，可以处理任意大小的整数，这得益于 Python 的自动内存管理机制。浮点数类型使用 IEEE 二进制浮点数算术标准（IEEE 754）的双精度格式存储，提供了约 17 位十进制数字的精度。复数类型则由实部和虚部组成，主要用于科学计算。整数类型示例如下：

```
#整数类型示例
a = 42                                        #普通整数
big_num = 1234567890123                       #大整数
hex_num = 0xFF                                #十六进制数
oct_num = 0o77                                #八进制数
bin_num = 0b1010                              #二进制数
```

Python 的数值类型实现了丰富的运算符支持，包括基本的算术运算（+、-、*、/）、整除运算（//）、取模运算（%）和幂运算（**）等。这些运算符都遵循数学运算的优先级规则，同时还可以通过括号来改变运算顺序。在进行除法运算时，Python 3 统一使用"/"表示真除法（结果为浮点数），使用"//"表示整除法（结果为整数），这种设计使得数值计算的行为更加符合数学直觉。示例如下：

```
#基本算术运算示例
x = 10                                        #第一个操作数
y = 3                                         #第二个操作数

sum_result = x + y                            #加法：13
diff_result = x - y                           #减法：7
prod_result = x * y                           #乘法：30
div_result = x / y                            #除法：3.3333...
floor_div = x // y                            #整除：3
mod_result = x % y                            #取模：1
power_result = x ** y                         #幂运算：1000
```

在处理浮点数时，需要特别注意精度问题。由于计算机使用二进制表示浮点数，某些十进制小数无法精确表示，这可能导致计算结果出现细微的误差。对于需要精确计算的场景（如金融计算），建议使用 decimal 模块提供的 Decimal 数值类型，它支持精确的十进制运算。同

时，Python 还提供了 math 模块，其包含了大量数学函数和常量，可以进行更复杂的数学计算。
示例如下：

```python
#浮点数精度示例
a = 0.1 + 0.2                              #不等于 0.3
print(a)                                   #输出 0.30000000000000004

#使用 Decimal 进行精确计算
from decimal import Decimal
x = Decimal('0.1')
y = Decimal('0.2')
z = x + y                                  #精确的 0.3

#math 模块数学函数使用示例
import math
sqrt_result = math.sqrt(16)                #平方根：4.0
sin_result = math.sin(0)                   #正弦值：0.0
cos_result = math.cos(math.pi)             #余弦值：-1.0
log_result = math.log(10)                  #自然对数
exp_result = math.exp(2)                   #e 的幂
```

Python 还支持复数运算，使用 j 或 J 表示虚数单位。示例如下：

```python
#复数运算示例
z1 = 3 + 4j                                #创建复数
z2 = complex(1, 2)                         #另一种创建方式

sum_complex = z1 + z2                      #复数加法
abs_value = abs(z1)                        #复数的模
real_part = z1.real                        #获取实部：3.0
imag_part = z1.imag                        #获取虚部：4.0
```

3. 序列类型

序列类型是 Python 中常用的数据类型之一，它们用于存储和管理有序的数据集合。Python
提供了三种主要的序列类型：字符串、列表和元组。这些序列类型共享许多通用的操作和方法，
如索引访问、切片操作、长度计算等，但各自也有其独特的特征和用途。字符串是不可变的字
符序列，主要用于文本处理；列表是可变的序列，可以存储任意类型的对象；元组是不可变的
序列，通常用于表示固定的数据组合。字符串的创建示例如下：

```python
#字符串的创建
text1 = "Hello Python"                     #使用双引号
text2 = 'Hello World'                      #使用单引号
text3 = """多行
文本"""                                    #使用三引号创建多行文本
```

序列类型支持丰富的操作和方法，这些操作可以大致分为访问操作（如索引和切片）、查
找操作（如 in 运算符和 index 方法）、计数操作（如 len()函数和 count 方法）以及连接操作（如
"+"运算符和 extend 方法）等。切片操作是 Python 序列类型的一大特色，它允许通过指定
起始索引、结束索引和步长来提取序列类型的子集。这种灵活的切片机制使得数据处理变得更

加简便和高效。序列类型还支持迭代操作，可以使用 for 循环遍历序列中的每个元素。字符串的基本操作示例如下：

```
#字符串的基本操作
text = "Hello Python"
first_char = text[0]                     #获取第一个字符：'H'
last_char = text[-1]                     #获取最后一个字符：'n'
sub_text = text[6:12]                    #切片操作：'Python'
text_length = len(text)                  #获取长度：12
reversed_text = text[::-1]               #反转字符串
```

在字符串处理中，Python 提供了丰富的字符串操作方法，包括分割、连接、替换、大小写转换等，这些方法使得文本处理变得非常便捷。由于字符串是不可变的，所有的修改操作都会返回一个新的字符串，而不是修改原字符串。示例如下：

```
#字符串的常用方法
text = "Hello Python"
upper_text = text.upper()                #转换为大写：'HELLO PYTHON'
lower_text = text.lower()                #转换为小写：'hello python'
split_text = text.split()                #分割字符串：['Hello', 'Python']

sentence = "   Python   "
trimmed = sentence.strip()               #去除首尾空格：'Python'

word = "Python Programming"
replaced = word.replace("Python", "Java")    #替换字符串

#字符串检查和查找
text = "Hello Python"
found = "Python" in text                 #检查子串：True
position = text.find("Python")           #查找子串位置：6
count = text.count("o")                  #统计字符出现次数：2

#字符串格式化
name = "Alice"
age = 25
#使用 format 方法
message1 = "My name is {} and I'm {} years old".format(name, age)
#使用 f-string（Python 3.6+）
message2 = f"My name is {name} and I'm {age} years old"
```

字符串类型作为 Python 中基本的数据类型之一，在文本处理、数据分析、网络编程等领域都有广泛的应用。合理使用字符串的各种操作方法，可以大大提高程序的开发效率。列表和元组的详细介绍将在后续章节中展开。

【例 2.1.2】创建一个商品信息展示的示例程序，展示字符串的基本操作方法。完成以下任务：

（1）实现商品名称的格式化显示。

（2）实现商品描述的截取和拼接。

（3）实现商品类别的字母大小写转换。

（4）实现商品编号的查找和替换。

示例程序如下：

```
01  def display_product():
02      prod_name = " iPhone 14 Pro Max "           #商品名称
03      category = "mobile phone"                   #商品类别
04      desc = "苹果公司最新旗舰手机，搭载 A16 处理器"    #商品描述
05      sku = "APPLE-IP14PM-256G"                   #商品编号
06      print(f"商品名称：{prod_name.strip()}")        #去除空格
07      print(f"商品类别：{category.title()}")          #首字母大写
08      print(f"商品简介：{desc[:15]}...")             #截取描述
09      print(f"完整描述：{desc.replace('，', '｜')}")   #替换分隔符
10      print(f"商品编号：{sku.lower()}")              #转小写字母
11
12  if __name__ == "__main__":
13      display_product()
```

说明：

- 02～05 行：定义商品的基本信息字符串。
- 06 行：使用 strip()方法去除商品名称的首尾空格。
- 07 行：使用 title()方法将类别转换为首字母大写。
- 08 行：使用切片操作截取商品描述的前 15 个字符。
- 09 行：使用 replace()方法替换描述中的分隔符。
- 10 行：使用 lower()方法将商品编号转换为小写字母。

程序运行结果如图 2.1.2 所示。

```
商品名称: iPhone 14 Pro Max
商品类别: Mobile Phone
商品简介: 苹果公司最新旗舰手机，搭载A1...
完整描述: 苹果公司最新旗舰手机 ｜ 搭载A16处理器
商品编号: apple-ip14pm-256g
```

图 2.1.2　程序运行结果

4. 布尔类型和空值类型

布尔类型是 Python 中表示真值的数据类型，只有 True 和 False 两个值。布尔类型是 int 的子类，True 和 False 分别对应数值 1 和 0。布尔类型主要用于条件判断和逻辑运算，支持 and、or、not 等逻辑运算符。在 Python 中，所有对象都有布尔值，可以使用 bool()函数获取对象的布尔值。一般来说，空序列、零值、None 等被视为 False，而非空序列、非零值等被视为 True。示例如下：

```
#布尔值的基本使用
is_valid = True                          #布尔值 True
is_active = False                        #布尔值 False
```

```
result = True and False                              #布尔运算：False

#布尔值与整数的关系
int_true = int(True)                                 #转换为整数：1
int_false = int(False)                               #转换为整数：0
```

布尔类型的一个重要应用是进行条件判断和逻辑运算。Python 提供了完整的逻辑运算符集合，可以组合多个条件进行复杂的逻辑判断。示例如下：

```
#逻辑运算示例
x = 5
y = 10
result1 = x < y and y < 15                           #两个条件都为 True：True
result2 = x > y or y < 20                            #其中一个条件为 True：True
result3 = not (x > y)                                #对条件取反：True
```

在 Python 中，不同类型的对象都有其对应的布尔值。了解这些规则对于编写条件语句很重要，不同类型对象对应的布尔值如下：

```
#不同类型对象对应的布尔值
bool(0)                                              #数字 0 的布尔值：False
bool(1)                                              #非零数字的布尔值：True
bool("")                                             #空字符串的布尔值：False
bool("Python")                                       #非空字符串的布尔值：True
bool([])                                             #空列表的布尔值：False
bool([1, 2])                                         #非空列表的布尔值：True
```

空值类型 None 是 Python 中表示"无"或"空"的特殊类型，它是 NoneType 的唯一实例。None 通常用于表示函数没有返回值、可选参数的默认值、无效或初始化的变量等场景。None 是单例对象，这意味着所有对 None 的引用都指向同一个对象。在进行相等性比较时，建议使用 is 运算符而不是==运算符来检查一个值是否为 None。示例如下：

```
#布尔值和 None
valid = True
invalid = False
empty = None

#布尔运算
result1 = True and False                             #与运算
result2 = True or False                              #或运算
result3 = not True                                   #非运算

#比较运算
is_none = empty is None                              #身份比较
is_valid = 10 > 5                                    #值比较
```

5. 类型转换和类型推断

Python 提供了一套完整的类型转换机制，允许在不同数据类型之间进行显式转换。每个内置类型都有对应的转换函数（如 int()、float()、str()、list()、tuple()、set()、dict()等），这些函数可以将其他类型的对象转换为目标类型。类型转换在数据处理和用户交互中经常使用，例如将用户输入的字符串转换为数值，或将集合类型转换为列表以支持索引访问。示例如下：

```
#数值类型之间的转换
int_num = 42
float_num = float(int_num)              #整数转换为浮点数：42.0
str_num = str(int_num)                  #整数转换为字符串："42"
bool_num = bool(int_num)                #整数转换为布尔值：True

#字符串和数值之间的转换
str_value = "123.45"
float_value = float(str_value)          #字符串转换为浮点数：123.45
int_value = int(float_value)            #浮点数转换为整数：123
hex_str = hex(255)                      #整数转换为十六进制字符串：'0xff'
```

Python 的类型推断机制是其动态类型系统的重要组成部分。解释器会在运行时自动推断变量的类型，无需显式声明。这种类型推断不仅适用于简单的赋值操作，也适用于更复杂的表达式和函数返回值。示例如下：

```
#类型推断示例
x = 42                                  #自动推断为整数类型
y = 3.14                                #自动推断为浮点数类型
z = "hello"                             #自动推断为字符串类型
numbers = [1, 2, 3]                     #自动推断为列表类型
```

从 Python 3.5 开始，还引入了类型提示（Type Hints）功能，允许开发者在代码中添加类型注解，这些注解可以提供更好的代码可读性和 IDE 支持，同时也便于静态类型检查工具的使用。示例如下：

```
def greet(name: str) -> str:
    return f"Hello, {name}"

age: int = 25
scores: list[int] = [95, 89, 78]
```

【例 2.1.3】创建一个购物车数据处理示例程序，展示不同数据类型的转换和使用。完成以下任务：

（1）实现商品数量的整数转换。

（2）实现商品价格的浮点数处理。

（3）实现商品信息的字符串转换。

（4）实现购物状态的布尔值判断。

示例如下：

```
01    def process_cart():
02        item_id = "1001"              #字符串类型商品 ID
03        quantity = "2"                #字符串类型商品数量
04        price = "299.99"              #字符串类型商品价格
05        in_stock = 1                  #整数类型库存状态
06        cart_id = int(item_id)        #转换为整数类型
07        qty = int(quantity)           #转换为整数类型
08        total = qty * float(price)    #转换为浮点数类型
```

```
09          has_stock = bool(in_stock)                    #转换为布尔值类型
10          print(f"商品编号：{cart_id}，类型：{type(cart_id)}")
11          print(f"购买数量：{qty}，类型：{type(qty)}")
12          print(f"总金额：{total}，类型：{type(total)}")
13          print(f"有库存：{has_stock}，类型：{type(has_stock)}")
14
15    if __name__ == "__main__":
16          process_cart()
```

说明：

- 02～05 行：定义不同类型的原始数据。
- 06 行：将字符串类型商品 ID 转换为整数类型。
- 07 行：将字符串类型数量转换为整数类型。
- 08 行：将字符串类型价格转换为浮点数类型并计算总额。
- 09 行：将整数类型库存状态转换为布尔类型。
- 10～13 行：打印转换后的数据及其类型。

程序运行结果如图 2.1.3 所示。

```
商品编号：1001，类型：<class 'int'>
购买数量：2，类型：<class 'int'>
总金额：599.98，类型：<class 'float'>
有库存：True，类型：<class 'bool'>
```

图 2.1.3　程序运行结果

2.1.3　常用运算符

在商城系统的开发过程中，经常需要进行价格计算、商品数量比较、订单状态判断等操作。Python 提供了一套完整的运算符体系，包括算术运算符、比较运算符、逻辑运算符、位运算符和赋值运算符等。深入理解这些运算符的特性和使用方法，对于实现准确的业务逻辑和高效的数据处理至关重要。

1. 运算符概述

Python 的运算符系统是其表达能力的重要组成部分，通过运算符可以简洁地表达各种计算和逻辑操作。运算符本质上是特殊的函数，它们大多都对应着对象的特殊方法（魔术方法）。例如，加法运算符（+）对应__add__方法，比较运算符（>）对应__gt__方法。这种设计使得Python 的运算符具有高度的可扩展性，允许自定义类型实现自己的运算符行为。

Python 运算符按照功能可以分为以下几类：

（1）算术运算符：用于数值计算，如加（+）、减（-）、乘（*）、除（/）等。

（2）比较运算符：用于值的比较，如等于（==）、不等于（!=）、大于（>）等。

（3）逻辑运算符：用于布尔运算，如与（and）、或（or）、非（not）等。

（4）位运算符：用于二进制位操作，如与（&）、或（|）、异或（^）等。

（5）赋值运算符：用于变量赋值，如基本赋值（=）和增强赋值（+=、-=等）。

（6）成员运算符：用于序列成员测试，如 in 和 not in 等。

（7）身份运算符：用于对象身份比较，如 is 和 is not 等。

每种运算符都有其特定的优先级和结合性，这决定了复杂表达式中运算的执行顺序。理解运算符的优先级对于编写正确的表达式至关重要。通常，算术运算符的优先级高于比较运算符，比较运算符的优先级高于逻辑运算符。在实际编程中，建议使用括号来明确表达运算的优先顺序，这样可以提高代码的可读性。示例如下：

```python
#基本运算符示例
x = 10
y = 3


#算术运算符
sum = x + y                    #加法
diff = x - y                   #减法
prod = x * y                   #乘法
quot = x / y                   #除法
floor = x // y                 #整除
mod = x % y                    #取模
power = x ** y                 #幂运算


#比较运算符
equal = x == y                 #等于
not_equal = x != y             #不等于
greater = x > y                #大于
less = x < y                   #小于
```

2. 算术运算符

算术运算符是 Python 中最基础的运算符，用于执行基本的数学运算。Python 的算术运算符支持类型的自动转换和提升，这意味着在进行混合类型运算时，Python 会自动将操作数转换为更高精度的类型。例如，整数和浮点数的运算结果会自动转换为浮点数。这种设计既保证了计算的准确性，又简化了编程工作。示例如下：

```python
#基本算术运算符
x = 10
y = 3


addition = x + y               #加法：13
subtraction = x - y            #减法：7
multiplication = x * y         #乘法：30
division = x / y               #除法：3.3333...

#类型提升示例
int_num = 5
float_num = 2.5
result = int_num + float_num   #结果为浮点数：7.5
```

除了基本的加减乘除运算，Python 还提供了一些特殊的算术运算符，如：整除运算符（//）

执行除法并向下取整,这在需要获取商的整数部分时很有用;取模运算符(%)计算除法的余数,常用于循环计数和周期性计算;幂运算符(**)用于计算幂,比使用循环或函数调用更简洁高效。这些运算符的组合使用可以实现复杂的数学计算。示例如下:

```
#特殊算术运算符
a = 17
b = 5

floor_division = a // b                  #整除:3
modulus = a % b                          #取模:2
power = a ** 2                           #幂运算:289

#组合使用示例
result = (a + b) * (a - b)               #使用括号控制运算顺序
```

需要特别注意的是,Python 3 版本中的除法运算符(/)总是返回浮点数结果,这与 Python 2 版本的行为不同。如果需要整数除法,应该使用整除运算符(//)。在处理金额计算时,由于浮点数的精度问题,建议使用 decimal 模块进行精确计算。算术运算符还可以与赋值运算符组合,形成增强赋值运算符(如+=、-=等),这可以使代码更简洁。示例如下:

```
#浮点数精确计算
from decimal import Decimal

price = Decimal('10.99')
quantity = 3
total = price * quantity                 #精确的金额计算

#增强赋值运算符
count = 0
count += 1                               #等价于 count = count + 1
total = 100
total *= 1.1                             #等价于 total = total * 1.1
```

3. 比较运算符

比较运算符用于比较两个值之间的关系,返回布尔类型的结果。Python 的比较运算符支持链式比较,这是一个独特的特性,允许将多个比较操作串联在一起。例如,a < b < c 等价于 a < b and b < c,前者更加简洁和直观。比较运算符可以用于任何可比较的类型,不局限于数值类型。对于自定义类型,可以通过实现特殊方法来定义比较行为。示例如下:

```
#基本比较运算符
x = 5
y = 10

equality = x == y                        #等于:False
inequality = x != y                      #不等于:True
greater = x > y                          #大于:False
less = x < y                             #小于:True
greater_equal = x >= y                   #大于等于:False
```

```
less_equal = x <= y                                #小于等于：True

#链式比较
age = 25
is_adult = 18 <= age <= 65                         #检查年龄是否在成年范围内：True
```

在 Python 中，比较运算符包括等于（==）、不等于（!=）、大于（>）、小于（<）、大于等于（>=）和小于等于（<=）等。这些运算符在比较对象时会调用对象的比较方法，如果对象没有实现相应的方法，则会引发 TypeError。特别地，==运算符用于值的相等性比较，而 is 运算符用于身份比较。值的相等性比较检查两个对象是否具有相同的值，而身份比较检查两个引用是否指向同一个对象。示例如下：

```
#值比较和身份比较
a = [1, 2, 3]
b = [1, 2, 3]
c = a

print(a == b)                                      #值相等：True
print(a is b)                                      #不是同一对象：False
print(a is c)                                      #是同一对象：True

#None 的比较
value = None
is_none = value is None                            #正确的 None 比较方式：True
```

比较运算符在条件判断、排序和数据筛选等场景中广泛使用。在比较数值时，需要注意浮点数的精度问题，建议使用近似相等的比较方式；在比较字符串时，基于字符的 Unicode 码点值进行比较，这意味着大小写字母的比较结果可能不符合直觉；在比较复杂对象时，通常需要实现适当的比较方法来定义合理的比较行为。

4. 逻辑运算符

逻辑运算符用于组合和操作布尔表达式，Python 提供了三个基本的逻辑运算符：与（and）、或（or）和非（not）。这些运算符遵循布尔代数的规则，但 Python 的逻辑运算符具有一些独特的特性。首先，Python 使用短路求值（short-circuit evaluation）策略，这意味着在逻辑运算中，如果第一个操作数已经足够确定最终结果，则不会计算第二个操作数。例如，在与运算中，如果第一个操作数为 False，则直接返回 False 而不计算第二个操作数。示例如下：

```
#基本逻辑运算符
x = True
y = False

and_result = x and y                               #与运算：False
or_result = x or y                                 #或运算：True
not_result = not x                                 #非运算：False

#短路求值示例
def expensive_check():
    print("执行检查")
```

```
        return False

result1 = False and expensive_check()              #expensive_check 不会被执行
result2 = True and expensive_check()               #expensive_check 会被执行
```

Python 的逻辑运算符不仅可以用于布尔值，还可以用于其他类型的对象。在非布尔上下文中，这些运算符会返回最后计算的操作数，而不是布尔值。这种行为使得逻辑运算符可以用于实现条件选择和默认值设置等功能。在逻辑运算中，Python 将一些特殊值视为 False，包括 None、0、空序列和空映射等，其他值都被视为 True。这种设计使得逻辑运算可以更自然地处理各种类型的数据。示例如下：

```
#非布尔上下文中的逻辑运算
name = ""
default_name = "Guest"
user_name = name or default_name                   #使用默认值

#特殊值的布尔性质
print(bool(0))                                     #False
print(bool(""))                                    #False
print(bool([]))                                    #False
print(bool(None))                                  #False
print(bool(42))                                    #True
print(bool("hello"))                               #True
```

在商城系统界面的开发中，逻辑运算符常用于实现复杂的业务规则判断、权限控制和数据验证等功能。理解逻辑运算符的短路特性和非布尔上下文的行为，对于编写高效和可靠的代码至关重要。示例如下：

```
#逻辑运算基础
in_stock = True
has_discount = False

#基本逻辑运算
can_sell = in_stock and not has_discount           #与运算和非运算
show_badge = in_stock or has_discount              #或运算

#短路求值
default_price = 0
price = user_price or default_price                #使用默认值

#复杂条件
is_valid = bool(price > 0 and quantity > 0)        #转换为布尔值
```

5. 位运算符

位运算符用于对整数的二进制位进行操作，Python 提供了完整的位运算符集合，包括按位与（&）、按位或（|）、按位异或（^）、按位取反（~）、左移（<<）和右移（>>）。位运算符在底层编程、性能优化和特定算法实现中发挥着重要作用。虽然在高级应用程序中较少直接使用位运算符，但理解位运算的原理和应用对于处理特定问题仍然很有价值。示例如下：

```
#按位与（&）：只有两个位都是 1 时，结果才是 1
a = 12                                  #二进制：1100
b = 10                                  #二进制：1010
print(a & b)                            #输出：8（二进制：1000）

#按位或（|）：只要有一个位是 1，结果就是 1
print(a | b)                            #输出：14（二进制：1110）

#按位异或（^）：两个位不同时，结果为 1
print(a ^ b)                            #输出：6（二进制：0110）

#按位取反（~）：0 变 1，1 变 0
print(~a)                               #输出：-13（二进制：...11110011）
```

位运算符操作的是整数的二进制表示，每个位都被单独处理。按位与运算常用于位掩码和状态检查，按位或运算用于设置标志位，按位异或运算在加密和校验和计算中很有用。移位运算可以实现快速的乘除运算，左移一位相当于乘以 2，右移一位相当于除以 2（向下取整）。在处理位运算时，需要注意 Python 整数的无限精度特性，这意味着位运算可以处理任意大的整数。示例如下：

```
#移位运算
left_shift = flags << 1                 #左移一位
right_shift = flags >> 1                #右移一位
```

6. 赋值运算符

赋值运算符用于为变量赋值，Python 提供了基本赋值运算符（=）和一系列增强赋值运算符（如+=、-=、*=等）。赋值运算符的工作原理与 Python 的对象引用模型密切相关。当执行赋值操作时，实际上是创建或修改了变量对对象的引用。增强赋值运算符将算术运算和赋值合并为一个操作，不仅使代码更简洁，更能在某些情况下提高性能，因为它们可以实时修改可变对象。示例如下：

```
#赋值运算基础
total = 0                               #基本赋值
count = 1

#增强赋值
total += count                          #加法赋值
price *= 1.1                            #乘法赋值
text = "Hello"
text += " World"                        #字符串连接
```

Python 的赋值运算支持多重赋值和序列解包，这些特性使得变量赋值更加灵活和便捷。多重赋值允许同时为多个变量赋值，序列解包则允许将可迭代对象的元素分配给多个变量。在使用赋值运算符时，需要注意 Python 的变量作用域规则，特别是在函数中修改全局变量时需要使用 global 关键字声明。增强赋值运算符对不同类型的操作数有不同的行为，例如，字符串的+=运算符执行字符串连接操作。示例如下：

```
#多重赋值
x = y = 0                               #多个变量赋相同值
```

```
a, b = 1, 2                                    #序列解包
[p, q] = [3, 4]                                #列表解包
```

7. 运算符优先级

Python 运算符的优先级决定了复杂表达式中运算的执行顺序。运算符优先级从高到低大致排序为：括号运算符、一元运算符（如正负号）、算术运算符、移位运算符、位运算符、比较运算符、逻辑运算符、赋值运算符。在同一优先级的运算符中，大多数运算符从左到右结合，但幂运算符（**）和一些一元运算符从右到左结合。示例如下：

```
#运算符优先级示例
result1 = 2 + 3 * 4                            #乘法优先
result2 = (2 + 3) * 4                          #使用括号改变优先级
result3 = 2 + 3 > 4 * 2                        #算术运算优先于比较运算
result4 = not a or b                           #not 优先于 or
result5 = a and b or c                         #and 优先于 or
```

理解运算符优先级对于编写正确的表达式至关重要，但过于依赖运算符优先级可能导致代码难以理解和维护。在实际编程中，建议使用括号明确表达计算顺序。适当使用括号不仅可以让代码的意图更清晰，还可以避免因优先级规则理解错误而产生的 Bug。示例如下：

```
#复杂表达式
price = (base_price + tax) * (1 - discount_rate)
status = loaded and verified and not error
```

【任务实施】

诚信科技公司正在开发一个简易版商城管理系统，需要实现基本的购物车功能。本任务将使用 Python 的面向对象编程方式，设计一个包含购物车展示、购物车管理和价格计算的系统。实现步骤如下。

步骤 1：定义商城类结构。

创建 ShoppingMall 类，设置基本的系统参数和初始化数据。示例如下：

```
class ShoppingMall:
    #全局商城配置
    DISCOUNT_RATE = 0.8
    MAX_CART_ITEMS = 10

    def __init__(self):
        self.cart_count = 0
        self.products = {                      #商品信息字典
            "P001": {"name": "手机", "price": 1999},
            "P002": {"name": "耳机", "price": 199}
        }
        self.cart = {}                         #初始化购物车
```

步骤 2：实现购物车管理功能。

编写添加商品到购物车的核心功能，包含容量检查和商品验证。示例如下：

```
def add_to_cart(self, product_id, quantity):
    if self.cart_count >= self.MAX_CART_ITEMS:
```

```
        return False, "购物车已满"

    if product_id not in self.products:
        return False, "商品不存在"
```

步骤 3：设计价格计算功能。

使用嵌套函数灵活实现价格计算逻辑。示例如下：

```
def calculate_price():                              #嵌套函数计算价格
    base_price = self.products[product_id]["price"] * quantity
    return base_price * self.DISCOUNT_RATE if base_price > 100 else base_price
```

步骤 4：完成购物车操作。

将商品信息添加到购物车并更新计数。示例如下：

```
self.cart[product_id] = {
    "name": self.products[product_id]["name"],
    "quantity": quantity,
    "total": calculate_price()
}
self.cart_count += 1
return True, "添加成功"
```

步骤 5：实现购物车展示功能。

添加查看购物车内容的功能。示例如下：

```
def show_cart(self):
    return self.cart
```

步骤 6：测试系统功能。

测试购物车管理系统的功能。示例如下：

```
mall = ShoppingMall()
status, msg = mall.add_to_cart("P001", 2)           #添加 2 个手机
print(f"操作结果: {msg}")                            #显示添加结果
print(f"购物车: {mall.show_cart()}")                 #显示购物车内容
```

完整代码如下：

```
01    #购物车管理系统
02    class ShoppingMall:
03        #全局商城配置
04        DISCOUNT_RATE = 0.8
05        MAX_CART_ITEMS = 10
06
07        def __init__(self):
08            self.cart_count = 0
09            self.products = {                       #商品信息字典
10                "P001": {"name": "手机", "price": 1999},
11                "P002": {"name": "耳机", "price": 199}
12            }
13            self.cart = {}                          #初始化购物车
14
15        def add_to_cart(self, product_id, quantity):
```

```
16              if self.cart_count >= self.MAX_CART_ITEMS:
17                  return False, "购物车已满"
18
19              if product_id not in self.products:
20                  return False, "商品不存在"
21
22              def calculate_price():                    #嵌套函数计算价格
23                  base_price = self.products[product_id]["price"] * quantity
24                  return base_price * self.DISCOUNT_RATE if base_price > 100 else base_price
25
26              self.cart[product_id] = {
27                  "name": self.products[product_id]["name"],
28                  "quantity": quantity,
29                  "total": calculate_price()
30              }
31              self.cart_count += 1
32              return True, "添加成功"
33
34          def show_cart(self):
35              return self.cart
```

说明：

- 04、05 行：定义折扣率和购物车容量限制。
- 09～12 行：定义商品信息字典。
- 15～32 行：实现购物车管理功能。
- 22～24 行：使用嵌套函数计算价格。
- 34、35 行：实现购物车展示功能。

程序运行结果如图 2.1.4 所示。

```
操作结果：添加成功
购物车：{'P001': {'name': '手机', 'quantity': 2, 'total': 3198.4}}
```

图 2.1.4　程序运行结果

【任务小结】

本任务系统梳理了 Python 编程的基础知识体系。变量作为程序中数据存储的基本单位，其定义规则、命名规范以及作用域规则构成了程序设计的基础框架。通过商城系统的实践，深入展现了局部变量和全局变量在实际应用中的差异性，以及变量作用域对程序结构的重要影响。变量的规范使用直接关系到代码的可读性和可维护性。

数据类型是 Python 语言的核心要素之一。基本数据类型包括数值类型、字符串类型等，每种类型都具有其特定的特点和适用场景。商城系统的开发实践表明，数据类型的合理选择对于准确表达业务逻辑、提高程序性能具有重要意义。灵活运用数据类型能够简化程序设计，提升代码执行效率。

运算符为程序逻辑实现提供了基础工具。Python 的运算符体系包括算术运算符、赋值运算符、比较运算符、逻辑运算符、成员运算符和身份运算符等。在商城系统的价格计算、折扣处理、条件判断等功能实现中，运算符的正确使用直接影响程序的准确性。运算符的合理应用有助于简化复杂计算逻辑，提高代码的简洁性和可读性。

运算符优先级规则是保证程序正确性的关键因素。复杂表达式中，运算符的优先级决定了运算的执行顺序。商城系统的开发实践展示了运算符优先级在实际编程中的重要作用。通过合理使用括号等方式明确运算顺序，能够有效提升代码的可读性和可维护性。

基础知识的综合运用构成了本任务的核心内容。通过对商城系统的基本功能的实现，将变量、数据类型和运算符等基础知识融会贯通。购物车展示、价格计算、用户输入处理等具体功能的开发，展示了 Python 基础知识的实际应用价值。这些基础技能的掌握为后续的深入学习奠定了基础。

理论与实践的结合是掌握 Python 基础知识的有效途径。商城系统这一具体应用场景为理解和掌握 Python 编程基本概念提供了实践平台。这些基础知识不仅支撑了商城系统的开发工作，也为进一步探索高级编程概念准备了必要条件。

【课堂练习】

1. 使用变量和运算符计算促销价格。某商品原价 899 元，参加"双 11"活动可享受 85 折，还可使用 150 元优惠券，且减免运费。请计算最终价格。

2. 使用多种数据类型处理订单信息。设计会员订单记录，包含订单号（字符串）、商品数量（整数）、支付金额（浮点数）、是否已支付（布尔值）。

3. 使用比较运算符处理库存预警。当商品库存小于 10 件或库存金额小于 1000 元时发出预警，判断以下情况：库存 8 件，单价 180 元。

4. 使用逻辑运算符判断订单状态。订单发货条件需同时满足：订单已支付、商品有库存、地址信息完整。请判断：已支付、有库存、地址不完整的订单是否可以发货。

【课后习题】

一、填空题

1. Python 中全局变量在函数内部修改时需要使用_____关键字声明。

2. 判断变量类型可以使用_____函数。

3. 列表操作中，使用_____方法添加元素。

4. 复数类型用_____表示虚数单位。

5. Python 中的逻辑运算符"and"在判断两个操作数时，当第一个操作数为_____时，将直接返回第一个操作数，不再判断第二个操作数。

二、简答题

1. 说明 Python 变量在赋值时的内存管理机制。

2. 解释 Python 字符串的不可变性及其在程序中的影响。

3. 描述 Python 中不同数值类型（整数、浮点数、复数）的特点和应用场景。

4．说明 Python 逻辑运算符的短路特性及其优势。

5．分析在商城系统中使用不同数据类型的考虑因素。

三、实践题

1．开发商品价格计算器程序。支持输入原价、折扣率、优惠券金额，计算最终价格，并处理无效输入情况。

2．完善购物车管理系统。实现商品的添加、删除、修改数量、清空购物车等功能，并计算总金额。

3．实现库存管理系统。记录商品的进货、销售、库存预警，使用多种数据类型存储相关信息。

四、综合题

设计一个商城会员管理系统，实现会员信息管理和优惠计算功能。系统需要记录会员等级（1～5 级）、消费金额和新会员标识。根据会员等级提供不同折扣（1 级 95 折，2 级 9 折，3 级 85 折，4 级 8 折，5 级 75 折），新会员额外享受 98 折，消费满 1000 元立减 100 元。编码时注意变量命名规范、数据类型选择、运算符使用和精度处理等，代码需包含必要注释。

任务 2.2　实现完整系统界面

【任务目标】

诚信科技公司正在开发一个商城系统，需要实现包含商品浏览、购物车管理等功能的完整界面。这需要团队成员深入理解 Python 的分支结构和循环结构，以实现各种复杂的业务逻辑和用户交互功能。通过本任务的学习，将帮助读者掌握 Python 程序控制结构的使用方法，为构建完整的商城系统打下基础。

通过本任务的学习，实现以下目标：

（1）深入理解 Python 分支结构的概念和特点，包括单分支结构、双分支结构、多分支结构及嵌套分支结构的使用场景和实现方法。

（2）掌握 Python 循环结构的基本操作，包括 while 循环、for 循环的语法和应用，以及 break、continue 等循环控制语句的使用。

（3）熟悉 Python 循环的嵌套应用原则，掌握在复杂业务场景中如何合理使用循环嵌套来处理多层次的数据和逻辑。

（4）能够灵活运用分支结构和循环结构的相关知识，实现完整的商城系统功能，包括商品展示、购物车管理和订单处理等核心模块。

【思政小课堂】

严谨逻辑，匠心精神。编程语言的控制结构体现了计算机科学中的逻辑思维，就像中国传统建筑中的榫卯结构一样，要求每一个控制结构都严丝合缝，共同构建起稳固的程序框架。

在编程过程中，要秉持工匠精神，将每一个判断条件和循环语句都精心打磨。

优秀的程序不仅要实现功能，更要具有良好的可读性和可维护性。这需要严谨地规划程序结构，就像古人建造宫殿精益求精的匠心。通过合理运用控制结构语句，能够写出既稳定可靠又优雅简洁的代码。

在学习和使用 Python 控制结构的过程中，培养严密的逻辑思维，践行精益求精的工匠精神，为用户提供优质的软件服务。

【知识准备】

2.2.1　分支结构

程序流程控制是编程语言的核心特性之一，它决定了程序的执行顺序和逻辑。在所有的流程控制结构中，分支结构是最基础、最常用的。分支结构允许程序根据不同的条件执行不同的操作，这种能力使得程序可以对不同的输入做出相应的响应。在实际应用中，几乎所有的程序都需要进行决策，例如用户身份验证、数据有效性检查、业务规则判断等。这些决策过程都依赖分支结构来实现。分支结构不仅能够处理简单的条件判断，还可以通过组合和嵌套来处理复杂的逻辑关系。特别是在面向对象编程中，分支结构常常与多态性结合使用，实现更灵活的程序设计。在实际开发中，合理使用分支结构可以提高代码的可读性和可维护性，同时也能提升程序的执行效率。分支结构的设计直接影响着程序的质量和性能，因此深入理解分支结构的原理和使用方法对于编写高质量的代码至关重要，程序流程控制结构图如图 2.2.1 所示。

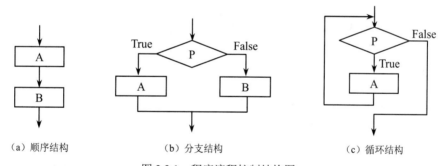

（a）顺序结构　　　　　　（b）分支结构　　　　　　（c）循环结构

图 2.2.1　程序流程控制结构图

1. 单分支结构

单分支结构通过一个条件表达式来决定是否执行特定的代码块。当遇到单分支结构时，系统首先判断条件表达式的值，如果为真，则执行相应的语句块；如果为假，则跳过该语句块继续执行后续代码。单分支结构是最简单的分支结构形式，它为程序提供了基本的判断能力。

基本语法伪代码如下：

```
if 条件表达式：
    语句块
```

在实际开发中，单分支结构通常用于处理特定条件下需要执行的操作，如数据验证、错误检查、条件触发等场景。Python 中的单分支结构使用 if 关键字实现，其后跟随条件表达式和缩进的代码块。这种设计既保证了代码的可读性，也要求程序员保持良好的代码格式。条件表达式可以是任何返回布尔值的表达式，包括比较表达式、逻辑表达式、函数调用表达式等。在编写单分支结构时，需要注意条件表达式的准确性和代码块的合理性，避免出现逻辑错误或无效操作。同时，也要考虑代码的可维护性，如果单分支结构过于复杂，应考虑将其拆分为多个更小的判断块或使用其他控制结构。

通过一个实际的例子来理解单分支结构。

【例 2.2.1】创建一个商品折扣价格计算的示例程序，展示单分支结构的使用方式。完成以下需求：

（1）判断商品价格是否达到优惠条件。

（2）计算优惠后的实际支付金额。

示例如下：

```
01   price = 299.99                      #商品价格
02   if price >= 200:                    #判断是否满 200 元
03       price = price * 0.8             #满 200 元打 8 折
04   print(f"实付金额：¥{price:.2f}")    #显示最终价格
```

说明：

● 01 行：设置商品原价。

● 02 行：判断价格是否达到优惠条件。

● 03 行：计算折扣后价格。

● 04 行：显示最终支付金额。

程序运行结果如图 2.2.2 所示。

实付金额：¥239.99

图 2.2.2　程序运行结果

●练一练　编写一个程序，判断用户输入的金额是否超过 100 元，如果超过则显示"可以减免运费"。

2. 双分支结构

双分支结构提供了两个互斥的执行路径，根据条件表达式的真假选择其中一条路径执行。这种结构扩展了单分支结构的功能，使程序能够对条件的两种可能结果都做出响应。双分支结构是处理二选一情况的理想选择，在程序设计中具有广泛的应用。当系统遇到双分支结构时，首先计算条件表达式的值，如果为真，执行第一个代码块；如果为假，执行第二个代码块。这种结构保证了程序在任何情况下都有相应的处理逻辑，提高了程序的健壮性。

基本语法伪代码如下：

```
if 条件 1 then:
    语句块 1
else:
    语句块 2
```

通过一个实际的例子来理解双分支结构。

【例 2.2.2】创建一个商品库存状态判断的示例程序，展示双分支结构的使用。完成以下需求：

（1）判断商品是否有库存。

（2）根据库存显示不同的商品状态信息。

示例如下：

```
01    stock = 0                              #商品库存数量
02    if stock > 0:                          #判断是否有库存
03        print("商品状态：现货，可以购买")      #有库存时显示
04    else:
05        print("商品状态：暂时缺货，可以预订")   #无库存时显示
```

说明：

- 01 行：设置商品库存数量。

- 02 行：判断库存是否大于 0。

- 03 行：显示有库存时的状态信息。

- 05 行：显示无库存时的状态信息。

程序运行结果如图 2.2.3 所示。

商品状态：暂时缺货，可以预订

图 2.2.3　程序运行结果

在 Python 中，双分支结构使用 if-else 语句实现，通过缩进来区分不同的代码块。这种结构特别适合处理需要在两种情况之间做出选择的场景，如用户认证（成功/失败）、数据验证（有效/无效）、状态切换（开/关）等。在设计双分支结构时，需要特别注意条件表达式的设计和两个分支代码块的互斥性，确保程序的逻辑完整性和正确性。同时，也要避免在两个分支中出现重复的代码，必要时可以将共同的操作提取到分支结构之外。

●练一练　输入商品价格和是否是会员，根据是否是会员显示不同的折扣价格（会员 8 折，非会员 9 折）。

3. 多分支结构

多分支结构是针对多个条件进行判断的控制结构，它允许程序在多个不同的执行路径中选择一个执行。当需要处理多个互斥条件时，多分支结构提供了一种清晰且高效的解决方案。在 Python 中，多分支结构通过 if-elif-else 语句实现，其中 if 语句后可以跟随零个或多个 elif 子句，最后可以有一个 else 子句（可选）。程序在执行多分支结构时，会按照从上到下的顺序依次检查分支条件，一旦找到第一个满足的分支条件，就执行相应的代码块，并跳过后续的所有分支条件。

基本语法伪代码如下：

```
if 条件 1:
    语句块 1
elif 条件 2:
    语句块 2
elif 条件 3:
    语句块 3
else:
    语句块 4
```

通过一个实际的例子来理解多分支结构。

【例 2.2.3】创建一个商品折扣等级判断的示例程序，展示多分支结构的使用。完成以下需求：

（1）根据购买金额判断折扣等级。

（2）计算不同折扣后的实际支付金额。

示例如下：

```
01  amount = 850                    #购买金额
02  if amount >= 1000:              #判断是否满 1000 元
03      discount = 0.7              #享受 7 折优惠
04  elif amount >= 500:             #判断是否满 500 元
05      discount = 0.8              #享受 8 折优惠
06  else:                           #其他情况
07      discount = 0.9              #享受 9 折优惠
08  print(f"折扣: {discount*10}折，应付: ¥{amount*discount:.2f}")
```

说明：

- 01 行：设置购买金额。
- 02、03 行：判断是否满 1000 元并享受 7 折优惠。
- 04、05 行：判断是否满 500 元并享受 8 折优惠。
- 06、07 行：其他情况享受 9 折优惠。
- 08 行：显示折扣和最终金额。

程序运行结果如图 2.2.4 所示。

```
折扣：8.0折，应付：¥680.00
```

图 2.2.4　程序运行结果

多分支结构执行机制要求设计分支条件顺序时需要特别注意，通常将最可能满足的分支条件或计算开销较小的条件放在前面，以提高程序的执行效率。多分支结构广泛应用于状态判断、等级划分、类型识别等场景。在实际开发中，多分支结构常常用于处理业务逻辑中的多种情况，如订单状态处理、用户等级判断、错误类型识别等。当使用多分支结构时，需要确保各个分支条件之间是互斥的，避免出现逻辑重叠或遗漏的情况。同时，也要注意控制分支的数量，如果分支过多，可能需要考虑使用字典映射或其他设计模式来优化代码结构。

●**练一练**　根据用户输入的商品库存数量，判断显示不同的状态提示（大于 50 时显示"库存充足"，小于等于 50 大于 20 时显示"库存适中"，小于等于 20 时显示"库存不足"）。

4. 嵌套分支结构

嵌套分支结构是在分支结构内部又包含其他分支结构的复杂控制结构。这种结构能够处理具有层次性的复杂判断逻辑，使程序能够应对更复杂的业务场景。在嵌套分支结构中，内层分支的执行取决于外层分支条件的判断结果。这种层次化的判断方式使得程序能够实现多重条件的组合判断，但同时也增加了代码的复杂度。

基本结构伪代码如下：

```
if 外层条件:
    if 内层条件 1:
```

```
        语句块 1
    else:
        语句块 2
else:
    if 内层条件 2:
        语句块 3
    else:
    语句块 4
```

通过一个实际的例子来理解嵌套分支结构。

【例 2.2.4】创建一个购物车配送方式判断的示例程序，展示嵌套分支结构的使用。完成以下需求：

（1）根据购买金额判断是否减免运费。

（2）根据配送区域判断是否支持当日达。

示例如下：

```
01  amount = 299                          #购买金额
02  area = "市区"                          #配送区域
03  if amount >= 200:                      #判断是否满 200 元
04      print("已满 200 元，免运费")
05      if area == "市区":                  #判断是否在市区
06          print("支持当日达配送")
07      else:
08          print("支持次日达配送")
09  else:
10      print("未满 200 元，需支付运费¥10")    #不满 200 元收运费
```

说明：

- 01、02 行：设置购买金额和配送区域。
- 03、04 行：判断是否满足减免运费条件。
- 05、06 行：判断是否支持当日达。
- 07、08 行：显示次日达信息。
- 09、10 行：显示需要支付运费。

程序运行结果如图 2.2.5 所示。

已满200元，免运费
支持当日达配送

图 2.2.5　程序运行结果

嵌套分支结构的执行过程是从外到内的，程序首先判断外层条件，当外层分支条件满足时，才会进入内层分支继续判断。这种结构特别适合处理具有依赖关系的多重条件判断，如权限验证（先判断用户是否登录，再判断是否有特定权限）、数据处理（先判断数据是否存在，再判断数据是否有效）等场景。在使用嵌套分支结构时，需要特别注意控制嵌套的层次，过多的嵌套会导致代码难以理解和维护，一般建议嵌套层次不超过三层,如果需要更多层次的判断，应该考虑重构代码,可以通过提取方法、使用策略模式或其他设计模式来优化代码结构。同时，

还要注意在嵌套分支结构中正确使用缩进，保持代码的清晰可读。

5. 模式匹配结构

模式匹配结构是 Python 3.10 版本引入的新特性，它提供了一种更简洁、更直观的方式来处理多条件分支场景。这种结构通过 match 语句和一系列 case 子句来实现条件匹配和相应处理，类似于其他语言中的 switch-case 结构，但其功能更加强大和灵活。模式匹配结构不仅可以处理简单的值比较，还支持结构匹配、类型匹配、守卫条件等高级特性，使得代码更加简洁和易读。

基本语法伪代码如下：

```
match 表达式:
    case 模式 1:
        语句块 1
    case 模式 2:
        语句块 2
    case 模式 3:
        语句块 3
    case _:
        语句块 4
```

通过一个实际的例子来理解模式匹配结构。

【例 2.2.5】 创建一个商品状态显示的示例程序，展示 match-case 结构的使用。完成以下需求：

（1）根据状态码显示对应的商品状态。

（2）处理不同的商品显示情况。

示例如下：

```
01  status_code = 2                          #商品状态码
02  match status_code:
03      case 1:                              #正常在售状态
04          print("商品状态：正常在售")
05      case 2:                              #限时特惠状态
06          print("商品状态：限时特惠")
07      case 3:                              #新品预售状态
08          print("商品状态：新品预售")
09      case _:                              #其他状态
10          print("商品状态：暂无信息")
```

说明：

- 01 行：设置商品状态码。
- 02 行：开始 match-case 结构。
- 03、04 行：处理正常在售状态。
- 05、06 行：处理限时特惠状态。
- 07、08 行：处理新品预售状态。
- 09、10 行：处理其他状态。

程序运行结果如图 2.2.6 所示。

商品状态：限时特惠

图 2.2.6　程序运行结果

模式匹配结构是顺序执行过程的，从第一个 case 开始逐个尝试匹配，直到找到第一个匹配的模式。这种结构特别适合处理复杂的数据结构和多条件分支场景，如命令解析、状态机实现、数据验证等。相比传统的多分支结构，模式匹配结构为代码提供了更好的可读性和可维护性，尤其是在处理复杂的结构化数据时。

在使用模式匹配结构时，需要注意几个关键点：首先，case 模式的排列顺序很重要，具体的模式应该放在前面，而一般的模式应该放在后面。

模式匹配结构的一个重要优势是它的表达能力强，可以直观地表达复杂的匹配逻辑，而无需编写大量的嵌套条件判断。这种结构也支持类型匹配和解构匹配，使得处理复杂数据结构变得更加简单。特别是在处理带有明确模式的数据时，如解析特定格式的消息、处理状态转换等场景。

2.2.2 循环结构

循环结构是程序设计中最重要的控制结构之一，它可以让程序重复执行某段代码。在程序设计中，当需要重复执行某些操作时，如批量处理数据、遍历集合元素，或者持续监控某个条件等场景，循环结构就显得尤为重要。Python 提供了 while 和 for 两种基本的循环结构，它们各自适用于不同的场景。while 循环适合需要根据条件持续执行的场景，而 for 循环则更适合遍历序列或者执行固定次数的操作。循环结构的使用不仅可以减少代码的重复编写，提高程序的可维护性，还能够提高程序的执行效率。在实际开发中，循环结构常常与其他控制结构（如分支结构）结合使用，形成更复杂的程序逻辑。合理使用循环结构可以大大简化程序的编写过程，但同时也需要注意循环的边界条件处理、循环终止条件的设置以及循环效率的优化等问题。在 Python 中，循环结构遵循简洁明了的原则，使用缩进来划分代码块，这种设计使得代码结构清晰，易于理解和维护。

1. while 循环结构

while 循环结构是一种条件控制的循环结构，它会在条件满足的情况下重复执行指定的代码块。while 循环的核心是循环条件，这个条件可以是任何返回布尔值的表达式。程序在执行 while 循环时，首先检查循环条件，如果条件为真，则执行循环体中的代码。执行完循环体后，程序会再次检查循环条件，这个过程会一直重复，直到循环条件为假时退出循环。while 循环结构流程图如图 2.2.7 所示。

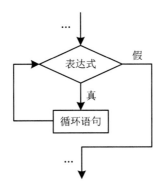

图 2.2.7　while 循环结构流程图

基本语法伪代码如下：

```
while 条件表达式:
    循环体语句1
    循环体语句2
```

通过一个实际的例子来理解 while 循环结构。

【例 2.2.6】创建一个购物车商品添加的示例程序，展示 while 循环结构的使用。完成以下需求：

（1）循环添加商品到购物车。

（2）统计购物车商品总数。

示例如下：

```
01   cart_count = 0                              #购物车商品数量
02   max_items = 5                               #购物车最大容量
03   while cart_count < max_items:               #判断购物车是否未满
04       cart_count += 1                         #添加商品数量
05       space_left = max_items - cart_count     #计算剩余空间
06       print(f"已添加商品{cart_count}件，还能添加{space_left}件")
07       if cart_count == max_items:             #判断购物车是否已满
08           print("购物车已满，无法继续添加")
```

说明：

● 01、02 行：设置初始购物车商品数量和最大容量。

● 03 行：判断购物车是否未满。

● 04 行：添加商品数量。

● 05、06 行：显示当前状态。

● 07、08 行：显示购物车已满提示。

程序运行结果如图 2.2.8 所示。

```
已添加商品1件，还能添加4件
已添加商品2件，还能添加3件
已添加商品3件，还能添加2件
已添加商品4件，还能添加1件
已添加商品5件，还能添加0件
购物车已满，无法继续添加
```

图 2.2.8　程序运行结果

while 循环特别适合处理那些需要在满足特定条件时持续执行的任务，例如用户输入验证、文件处理、网络通信等场景。在使用 while 循环时，需要特别注意确保循环条件最终会变为假，否则陷入无限循环。同时，也要注意在循环体内正确更新循环条件相关的变量，避免出现死循环。while 循环还支持 else 子句，当循环正常结束（不是通过 break 语句跳出）时，会执行 else 子句中的代码。这个特性在需要区分循环正常结束还是被打断时特别有用。

●练一练　使用 while 循环让用户持续输入商品价格，当输入 0 时循环结束，并显示所有商品的总价。

2. for 循环结构

for 循环结构是 Python 中最常用的循环结构，它主要用于遍历序列类型的数据（如列表、元组、字符串等）或者可迭代对象。for 循环的设计理念是"迭代器协议"，这使得它能够以统一的方式处理各种可迭代对象。在执行过程中，for 循环会自动获取可迭代对象的下一个元素，并将其赋值给循环变量，直到遍历完可迭代对象的所有元素，for 循环结构流程图如图 2.2.9 所示。

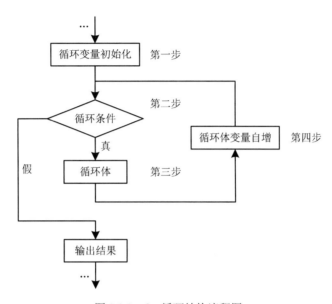

图 2.2.9　for 循环结构流程图

基本语法伪代码如下：

```
for 变量 in 可迭代对象:
    循环体语句 1
    循环体语句 2
```

通过一个实际的例子来理解 for 循环结构。

【例 2.2.7】创建一个商品列表展示的示例程序，展示 for 循环结构的使用。完成以下需求：

（1）循环展示商品信息。

（2）显示商品序号和详情。

示例如下：

```
01    products = ["iPhone14", "iPad Pro", "MacBook", "AirPods"]    #商品列表
02    prices = [5999, 6799, 9799, 1499]                            #价格列表
03    print("苹果商品列表：")
04    for i in range(len(products)):                               #遍历列表
05        name = products[i]                                       #获取商品名
06        price = prices[i]                                        #获取价格
07        print(f"{i+1}. {name:<10} ￥{price:>5}")                 #格式化输出
```

说明：

● 01、02 行：定义商品列表和价格列表。

- 04 行：使用 range()函数生成索引序列。
- 05、06 行：获取对应商品信息。
- 07 行：格式化输出商品信息，使用:>5 和:<10 控制对齐方式。

程序运行结果如图 2.2.10 所示。

```
苹果商品列表:
1. iPhone14    ¥ 5999
2. iPad Pro    ¥ 6799
3. MacBook     ¥ 9799
4. AirPods     ¥ 1499
```

图 2.2.10   程序运行结果

for 循环特别适用于已知迭代次数或需要遍历集合的场景，如数据处理、文件操作、批量任务等。Python 的 for 循环还提供了一些特殊的功能，如 enumerate()函数可以同时获取索引和元素值，zip()函数可以同时遍历多个序列。在使用 for 循环时，要注意避免在循环过程中修改正在遍历的序列，这可能会导致意外的结果。如果需要在遍历过程中修改序列，建议先创建一个副本或使用其他替代方案。

◉练一练   使用 for 循环显示商品清单：["手机", "电脑", "平板"]，要求每个商品前面显示对应的序号（如 1. 手机）。

3．循环控制语句

循环控制语句是管理循环执行流程的重要工具，它们能够在特定条件下改变循环的正常执行顺序。Python 提供了 break、continue 和 pass 三种循环控制语句，每种语句都有其特定的用途和适用场景。

基本语法伪代码如下：

```
while  条件:
        if 特殊条件 1:
        循环体语句
            continue
        if 特殊条件 2:
            break
```

通过一个实际的例子来理解循环控制语句。

【例 2.2.8】创建一个购物车商品检查的示例程序，展示循环控制语句的使用。完成以下需求：

（1）检查购物车商品状态。

（2）使用 break 语句和 continue 语句控制循环流程。

示例如下：

```
01    cart = ["手机","平板","耳机","充电器","手表"]      #购物车商品
02    stock = [True, True, False, True, True]            #库存状态
03    for i in range(len(cart)):                         #遍历列表商品
04        if not stock[i]:                               #检查库存
05            print(f"商品 " {cart[i]}" 缺货，需要移除")
06            continue                                   #继续检查
```

07	if i == 3:	#检查数量
08	print("已完成重要商品检查")	
09	break	#结束检查
10	print(f"商品"{cart[i]}"正常")	

说明：

- 01、02 行：定义购物车商品和库存状态。
- 03 行：开始遍历购物车商品。
- 04～06 行：检查库存并继续。
- 07～09 行：达到数量限制后结束。
- 10 行：显示购物车商品信息。

程序运行结果如图 2.2.11 所示。

```
商品"手机"正常
商品"平板"正常
商品"耳机"缺货，需要移除
已完成重要商品检查
```

图 2.2.11　程序运行结果

在使用循环控制语句时，需要特别注意它们对程序流程的影响，合理安排它们的位置，以确保程序按照预期的逻辑执行。同时，过多使用循环控制语句可能会使程序流程变得复杂难懂，应在必要时使用这些语句。

练一练　创建一个包含 5 个商品价格的列表，遍历列表使用 continue 语句跳过所有超过 1000 元的商品，只显示价格较低的商品。

4. 循环的嵌套

循环的嵌套是指在一个循环体内部包含另一个循环的程序结构。循环嵌套提供了处理多维数据或复杂重复任务的能力。在实际编程中，经常需要使用嵌套循环来处理矩阵运算、多层数据结构、复杂的数据处理等任务。嵌套循环的外层循环每执行一次，内层循环会完整地执行一遍。

基本语法伪代码如下：

```
for i in  范围 1:
    for j in  范围 2:
        for k in  范围 3:
            循环体语句
```

通过一个实际的例子来理解循环嵌套。

【例 2.2.9】创建一个商品分类展示的示例程序，展示循环嵌套结构的使用。完成以下需求：

（1）按分类展示商品信息。

（2）显示商品编号和价格。

示例如下：

01	categories = ["手机", "平板"]	#商品分类
02	products = [	#商品信息
03	["iPhone14", "iPhone13"],	#手机列表
04	["iPad Pro", "iPad Air"]	#平板列表

```
05    ]
06    for i in range(len(categories)):              #遍历商品分类列表
07        print(f"\n{categories[i]}类商品：")          #显示分类
08        for j in range(len(products[i])):         #遍历商品信息列表
09            print(f"{i+1}-{j+1} {products[i][j]}")  #显示商品
```

说明：

- 01 行：定义商品分类列表。
- 02～05 行：定义分类下的商品。
- 06、07 行：遍历商品分类列表。
- 08、09 行：遍历分类中的商品信息，使用 i+1 和 j+1 生成商品编号。

程序运行结果如图 2.2.12 所示。

```
手机类商品：
1-1 iPhone14
1-2 iPhone13

平板类商品：
2-1 iPad Pro
2-2 iPad Air
```

图 2.2.12   程序运行结果

在使用嵌套循环时，要特别注意控制嵌套的层数，过多的嵌套会导致程序性能下降和代码可读性降低。通常建议将循环嵌套层数控制在三层以内，如果需要更多层的嵌套，应该考虑重构代码或使用其他更适合的数据结构和算法。

5. 循环的高级应用

在实际开发过程中，循环结构常常需要配合其他编程技术来解决复杂的问题。列表推导式是 Python 中的一个强大特性，它提供了一种简洁的方式来创建列表，尤其适合用于数据转换和过滤等场景。生成器表达式提供了一种内存效率更高的方式来处理大量数据，它不会一次性生成所有数据，而是按需生成。在处理复杂数据结构时，递归循环是一种重要的技术，它通过函数自身的重复调用来实现循环。在并发编程中，循环结构常常需要考虑线程安全和资源同步等问题。异步循环则在处理 I/O 密集型任务时发挥重要作用，它允许程序在等待操作完成时执行其他任务。在优化循环性能时，可以考虑使用向量化操作代替显式循环，使用缓存机制减少重复计算以及使用适当的算法来减少循环次数。同时，在处理大数据量时，需要考虑内存使用效率，可以使用惰性求值和流处理技术等方法来优化程序性能。

【例 2.2.10】创建一个商品库存管理示例程序，展示循环的典型应用。完成以下需求：

（1）实现库存预警监控。

（2）实现销售额统计。

（3）实现分类汇总。

（4）实现库存更新。

示例如下：

```
01    def manage_inventory():
02        #初始化商品数据：[名称, 库存, 价格, 销量, 分类]
```

```
03          products = [
04              ["手机", 25, 2999, 150, "电子"],
05              ["电脑", 15, 5999, 80, "电子"],
06              ["耳机", 100, 299, 300, "配件"],
07              ["平板", 20, 3999, 120, "电子"]
08          ]
09
10          #while 循环实现库存预警检查
11          i = 0
12          while i < len(products):
13              if products[i][1] < 20:
14                  print(f"库存预警：{products[i][0]}仅剩{products[i][1]}件")
15              i += 1
16
17          #for 循环实现销售统计
18          total_sales = 0
19          for product in products:
20              sales = product[2] * product[3]          #价格×销量
21              total_sales += sales
22              print(f"{product[0]}销售额：{sales}元")
23
24          #嵌套循环实现分类库存价值统计
25          categories = {"电子": 0, "配件": 0}
26          for product in products:
27              stock_value = product[1] * product[2]     #库存×价格
28              categories[product[4]] += stock_value
29
30          print(f"\n 总销售额：{total_sales}元")
31          print("分类库存价值：", categories)
32
33  if __name__ == "__main__":
34      manage_inventory()
```

说明：

- 02～08 行：初始化商品数据，包含基本信息。
- 10～15 行：使用 while 循环检查库存预警。
- 17～22 行：使用 for 循环统计销售数据。
- 24～28 行：使用 for 循环实现分类库存价值统计。

程序运行结果如图 2.2.13 所示。

```
库存预警：电脑仅剩15件
手机销售额：449850元
电脑销售额：479920元
耳机销售额：89700元
平板销售额：479880元

总销售额：1499350元
分类库存价值： {'电子': 244940, '配件': 29900}
```

图 2.2.13　程序运行结果

【任务实施】

诚信科技公司正在开发新一代的电商管理平台。作为系统的基础，需要开发一个功能完整的商城界面，包含商品展示、购物车管理和订单处理等核心功能。实现步骤如下。

步骤 1：定义系统菜单和主界面函数。

创建展示系统界面的 show_menu() 函数，该函数通过 print 语句依次输出 "欢迎使用商城系统" 的标题和功能选项菜单。菜单包含查看商品列表、添加到购物车、查看购物车、结算订单和退出系统等核心功能选项，采用编号形式展示以方便用户选择操作。函数使用格式化输出确保界面布局整齐美观。示例如下：

```
def show_menu():
    print("\n=== 欢迎使用商城系统 ===")
    print("1. 查看商品列表")
    print("2. 添加到购物车")
    print("3. 查看购物车")
    print("4. 结算订单")
    print("0. 退出系统")
```

步骤 2：实现商城管理主程序。

定义 manage_mall() 作为系统的主控制函数，在函数内部通过嵌套列表结构初始化商品数据，每个商品包含名称、价格和库存三个属性。同时创建空列表 cart 作为购物车列表的容器，用于临时存储用户选购的商品信息，为后续的购物车管理和订单处理功能提供数据支持。示例如下：

```
def manage_mall():
    #商品数据：[名称, 价格, 库存]
    products = [
        ["手机", 2999, 50],
        ["笔记本", 5999, 30],
        ["耳机", 299, 100]
    ]
    cart = []                          #购物车列表
```

步骤 3：实现循环和分支控制功能。

使用 while True 结构构建程序的主循环，在循环体中先调用 show_menu()函数显示操作菜单，再通过 input()函数获取用户的选择。当用户选择查看商品列表时，使用 for 循环结合 enumerate()函数遍历商品数据，生成带序号的商品信息展示列表，包括商品名称和对应价格。示例如下：

```
while True:
    show_menu()
        choice = input("请选择操作：")

        if choice == "1":
            print("\n 商品列表：")
            for i, item in enumerate(products):
                print(f"{i+1}. {item[0]} - ￥{item[1]}")
```

步骤 4：实现购物车管理功能。

采用 try-except 异常处理机制确保用户输入的商品编号格式正确。在程序正常流程中将验证商品编号是否在有效范围内，如果验证通过则将对应商品添加到购物车列表中。查看购物车功能通过遍历 cart 列表显示已选购商品，并计算总金额供用户参考。示例如下：

```
elif choice == "2":
        try:
                idx = int(input("请输入商品编号：")) - 1
                if 0 <= idx < len(products):
                        cart.append(products[idx])
                        print("添加成功！")
                else:
                        print("商品编号无效！")
        except ValueError:
                print("输入格式错误！")
elif choice == "3":
        if cart:
                total = sum(item[1] for item in cart)
                print("\n 购物车：")
                for item in cart:
                        print(f"{item[0]} - ¥{item[1]}")
                print(f"总金额：¥{total}")
        else:
                print("\n 购物车为空！")
```

步骤 5：完成订单处理和系统退出功能。

订单结算时首先检查购物车是否为空，如果购物车中有商品则生成订单并自动清空购物车，否则提示用户购物车为空。系统退出时通过判断用户输入是否为"0"，当用户选择退出时显示欢送信息并通过 break 语句结束程序主循环，实现系统的退出。示例如下：

```
elif choice == "4":
        if cart:
                print("订单已生成，谢谢购物！")
                cart.clear()
        else:
                print("\n 购物车为空！")

    elif choice == "0":
        print("谢谢使用，欢迎下次光临！")
        break
```

完整代码如下：

```
01    def show_menu():
02        print("\n=== 欢迎使用商城系统 ===")
03        print("1. 查看商品列表")
04        print("2. 添加到购物车")
05        print("3. 查看购物车")
06        print("4. 结算订单")
```

```
07          print("0. 退出系统")
08
09  def manage_mall():
10          #商品数据：[名称, 价格, 库存]
11          products = [
12                  ["手机", 2999, 50],
13                  ["笔记本", 5999, 30],
14                  ["耳机", 299, 100]
15          ]
16          cart = []                                      #购物车列表
17
18          while True:
19                  show_menu()
20                  choice = input("请选择操作：")
21
22                  if choice == "1":
23                          print("\n 商品列表：")
24                          for i, item in enumerate(products):
25                                  print(f"{i+1}. {item[0]} - ¥{item[1]}")
26
27                  elif choice == "2":
28                          try:
29                                  idx = int(input("请输入商品编号：")) - 1
30                                  if 0 <= idx < len(products):
31                                          cart.append(products[idx])
32                                          print("添加成功！")
33                                  else:
34                                          print("商品编号无效！")
35                          except ValueError:
36                                  print("输入格式错误！")
37
38                  elif choice == "3":
39                          if cart:
40                                  total = sum(item[1] for item in cart)
41                                  print("\n 购物车：")
42                                  for item in cart:
43                                          print(f"{item[0]} - ¥{item[1]}")
44                                  print(f"总金额：¥{total}")
45                          else:
46                                  print("\n 购物车为空！")
47
48                  elif choice == "4":
49                          if cart:
50                                  print("订单已生成，谢谢购物！")
51                                  cart.clear()
52                          else:
```

```
53                    print("\n 购物车为空！")
54
55            elif choice == "0":
56                print("谢谢使用，欢迎下次光临！")
57                break
58
59            else:
60                print("无效的选择！")
61
62  if __name__ == "__main__":
63      manage_mall()
```

说明：

- 10～16 行：初始化了商品数据和购物车，使用列表结构存储商品信息。
- 18～20 行：使用 while 循环实现程序主流程控制，通过 input()函数获取用户输入的信息。
- 22～25 行：使用 for 循环和 enumerate()函数实现商品列表的序号显示。
- 27～36 行：实现异常处理机制，保障输入数据的有效性。
- 48～57 行：使用 if-elif-else 结构实现多功能选择，通过 cart.clear()函数清空购物车。

整个程序通过函数封装和模块化设计，提高代码的可维护性。

程序运行结果如图 2.2.14 所示。

```
=== 欢迎使用商城系统 ===
1．查看商品列表
2．添加到购物车
3．查看购物车
4．结算订单
0．退出系统
请选择操作：1

商品列表：
1．手机 - ¥2999
2．笔记本 - ¥5999
3．耳机 - ¥299

=== 欢迎使用商城系统 ===
1．查看商品列表
2．添加到购物车
3．查看购物车
4．结算订单
0．退出系统
请选择操作：2
请输入商品编号：1
添加成功！
```

图 2.2.14　程序运行结果

【任务小结】

本任务通过实践探索，形成了对循环结构的深入认识。循环结构作为程序流程控制的核心特性之一，它决定了程序的执行顺序和逻辑。在所有的流程控制结构中，循环结构使得程序

能够高效地处理重复性任务，这使得程序可以处理批量数据和复杂的迭代逻辑。

Python 提供了 while 和 for 两种基本的循环结构，它们各自适用于不同的场景。while 循环适合于需要根据条件持续执行的场景，而 for 循环则更适合遍历序列或者执行固定次数的操作。通过商城系统的实现，深入体会了这两种循环结构的特点和应用场景。while 循环在用户交互和菜单控制中发挥重要作用，而 for 循环则在商品列表遍历和数据处理中表现出色。

循环控制语句 break、continue 和 pass 为程序提供了更精细的控制能力。break 语句用于在特定条件下提前结束循环，continue 语句用于跳过当前循环的剩余语句，而 pass 语句则作为占位符保持程序结构的完整性。在商城系统的异常处理和输入验证等功能中，这些控制语句的合理使用显著提高了程序的健壮性。

循环的嵌套使用为处理多维数据或复杂重复任务提供了强大工具。在商城系统中，通过嵌套循环实现了商品分类统计、库存管理等复杂功能。外层循环每执行一次，内层循环会完整地执行一遍，这种结构使得程序能够系统地处理具有层次关系的数据。合理控制嵌套层数对于程序性能和代码可读性具有重要影响。

在实际开发中，循环结构常常需要配合其他编程技术来解决复杂的问题。列表推导式、生成器表达式等 Python 特有的高级特性，为数据处理提供了更简洁高效的解决方案。在处理大数据量时，需要考虑内存使用效率，可以使用惰性求值和流处理技术来优化程序性能。

商城系统的具体实践不仅体现了循环结构的基础应用，更展示了在实际项目中灵活运用这些知识的重要性。循环结构的使用不仅可以减少代码的重复编写，提高程序的可维护性，还能够提高程序的执行效率。这些基础知识的掌握为后续开发更复杂的程序奠定了坚实基础。

【课堂练习】

1. 编写程序计算 1～100 内的所有偶数之和。

2. 编写程序实现接收用户输入的数字，直到用户输入 0 时结束，输出所有输入数字的平均值。

3. 使用嵌套循环打印如下图案：

```
    *
   **
  ***
 ****
*****
```

【课后习题】

一、填空题

1. if 语句的条件表达式后面必须跟着_____符号。

2. 在 if-elif-else 结构中，如果所有条件都不满足，将执行_____语句块。

3. while 循环中，如果需要立即结束循环可以使用_____语句。

4. for 循环中，如果要跳过本次循环继续下一次循环，可以使用_____语句。

5. 在嵌套循环中，break 语句会结束_____循环。

二、简答题

1. 请解释分支结构和循环结构的区别，并说明它们各自适用的场景。

2. 比较 while 循环和 for 循环的特点，说明它们的使用场景有什么不同。

3. 在实际编程中，如何选择使用 if-elif-else 结构还是多个 if 语句？请举例说明。

4. break 语句和 continue 语句有什么区别？请用实例说明它们的作用。

三、程序设计题

1. 基础控制。编写一个程序，要求用户输入一个 1～7 的数字，将其转换为对应的星期，要求使用分支结构实现。

2. 循环应用。编写一个猜数字游戏程序，程序随机生成一个 1～100 的数字，用户有最多 7 次猜测机会，每次猜测后程序会提示太大或太小，直到猜中或用完机会。

3. 综合练习。编写诚信银行 ATM 程序，实现以下功能：

（1）模拟用户登录（预设用户名和密码）。

（2）提供存款、取款、查询余额等功能。

（3）使用循环实现重复操作。

（4）使用适当的分支结构处理不同的业务选择。

（5）加入适当的错误处理（如余额不足等情况）。

4. 嵌套结构练习。使用嵌套循环打印如下图案：

```
        *
       **
      ***
     ****
    *****
     ****
      ***
       **
        *
```

四、调试改错

以下代码存在逻辑错误，请找出错误并修正。

```python
score = int(input("请输入成绩："))
if score >= 90:
    print("优秀")
if score >= 80:
    print("良好")
if score >= 60:
    print("及格")
```

```
else:
    print("不及格")
```

五、综合项目

设计一个简单的学生成绩管理系统，程序要求如下：

（1）能够录入学生信息（姓名、学号、成绩）。

（2）支持查询单个学生成绩。

（3）可以显示所有学生的成绩单。

（4）能够计算班级平均分。

（5）能够统计各分数段（优秀、良好、及格、不及格）的人数。

（6）使用循环实现重复操作。

（7）使用分支结构处理不同的功能选择。

（8）使用适当的数据结构存储学生信息。

模块 3　数 据 处 理

模块介绍

　　本模块聚焦于商城系统数据处理的实现，循序渐进地帮助读者全面掌握 Python 数据处理和函数编程的核心技能。整个模块包含两个主要任务，一是学会处理批量数据，学习 Python 中的列表、元组、字典、集合等高级数据类型；二是使用函数与模块实现代码复用，学习 Python 中的模块、函数和异常处理相关知识。通过本模块的学习，读者能深入理解 Python 数据处理思维，独立完成商城系统的数据处理功能。

知识图谱

模块目标

知识目标
● 掌握 Python 中列表、元组、字典、集合的特点和使用方法。

- 掌握数据类型转换的原理和应用场景。
- 掌握函数定义、调用及变量作用域的基本原理。
- 掌握模块化编程的核心概念和实现方法。
- 理解异常处理机制及其在程序开发中的重要性。
- 掌握商城系统商品管理模块的设计原则和实现方法。

能力目标
- 能够熟练运用各种数据类型处理批量数据。
- 能够根据业务需求设计并自定义函数。
- 能够合理使用内置函数和第三方模块提高开发效率。
- 能够进行基本的异常处理和程序调试。
- 能够独立完成商城系统的商品管理功能。
- 能够处理和优化常见的数据处理问题。

素质目标
- 培养严谨的数据处理思维和规范的编程习惯。
- 具备良好的模块化设计意识和代码复用思维。
- 养成编写注释和异常处理的良好习惯。
- 具备分析问题和解决问题的能力。
- 培养数据安全意识和职业操守。
- 建立持续学习和自我提升的意识。
- 具备诚信品质，注重代码质量和可维护性。

任务 3.1　购物车管理模块开发

【任务目标】

诚信科技公司的电商平台升级在即，为提升用户体验和运营效率，公司决定对平台中的购物车系统进行全面优化。作为项目组成员，你将参与到购物车系统的开发工作中。本任务将带领读者掌握 Python 处理批量数据的相关知识，包括列表、元组、字典、集合等核心内容。通过这些知识的学习，为后续开发更复杂的购物车功能模块打下坚实基础。

通过本任务的学习，实现以下任务目标：

（1）掌握 Python 的数据结构体系和基本特征。主要包括列表、元组、字典、集合四种数据类型的特点、操作方法和适用场景。了解每种数据结构的内部实现原理及其在性能和功能上的优缺点。通过对比分析，掌握不同数据类型在实际应用中的选择准则。

（2）掌握数据处理的核心技术与方法。重点包括数据切片操作、列表推导式、字典操作、集合运算等基础数据处理技术，以及数据类型转换的规则和方法。通过系统学习，深入理解这些技术在提升数据处理效率方面的重要作用。

（3）培养数据结构的实践应用能力。包括在具体场景中选择合适的数据结构、运用内置函数处理数据、处理类型转换异常、解决复杂数据处理问题等实践技能。通过项目实践，提升数据结构应用的综合能力，为开发高效的数据处理系统打下基础。

（4）能够运用所学知识实现购物车系统的基本功能。

【思政小课堂】

数据至真、服务至诚。购物车系统的数据处理不仅是技术的实现，更是保障企业诚信经营的重要基石。作为诚信科技公司的开发人员，始终秉持"数据至真、服务至诚"的理念，将工匠精神融入每一个开发环节。在数据处理过程中，要注重数据的准确性和完整性，精心设计每一个处理流程，着重保护商业数据安全，严格遵守数据管理规范，保证高质量的代码实现，确保系统可靠稳定。

通过专业的技术能力和责任心，构建既高效又安全的数据处理系统，为企业提供准确的决策依据，为用户提供优质的服务体验。在提升技术水平的同时，培养职业道德，争做新时代诚信可靠的 IT 工程师。

【知识准备】

3.1.1 列表的基础与应用

1. 基本概念

列表是 Python 中最基础、最常用的序列类型之一。Python 的列表是可变序列，可以包含不同类型的元素，且没有固定大小。列表用方括号[]表示，各个元素之间用逗号分隔。与其他语言的数组不同，Python 的列表更像是一个动态数组，可以随时添加和删除元素。示例程序如下：

```
numbers = [1, 2, 3, 4, 5]                    #数字列表
mixed = [1, "Hello", 3.14, True]             #混合类型列表
nested = [[1, 2], [3, 4]]                    #嵌套列表
```

列表的创建方式 Python 提供了多种创建列表的方式。示例程序如下：

```
#直接创建
fruits = ['apple', 'banana', 'orange']

#使用 list()函数转换
chars = list('Python')                       #['P', 'y', 't', 'h', 'o', 'n']

#使用范围创建
numbers = list(range(1, 6))                  #[1, 2, 3, 4, 5]

#使用推导式创建
squares = [x**2 for x in range(5)]           #[0, 1, 4, 9, 16]
```

2. 基本操作

列表支持多种操作，包括索引、切片等。

（1）索引操作。列表索引从 0 开始，可以使用正索引或负索引访问元素。示例程序如下：

```
fruits = ['apple', 'banana', 'orange', 'grape']
first = fruits[0]                            #获取第一个元素
last = fruits[-1]                            #获取最后一个元素
```

（2）切片操作。切片操作允许获取列表的一部分。示例程序如下：

```
fruits = ['apple', 'banana', 'orange', 'grape', 'kiwi']
subset = fruits[1:4]                              #['banana', 'orange', 'grape']
reversed = fruits[::-1]                           #['kiwi', 'grape', 'orange', 'banana', 'apple']
```

3. 常用方法

Python 的列表对象提供了丰富的方法集。

（1）添加元素。

1）append(x)：在列表末尾添加一个元素。

2）extend(iterable)：在列表末尾添加多个元素。

3）insert(i, x)：在指定位置插入元素，i 表示插入位置，x 为元素值。

（2）删除元素。

1）remove(x)：删除首次出现的指定元素。

2）pop([i])：删除并返回指定位置的元素。

3）clear()：清空列表。

（3）查找和排序。

1）index(x)：返回指定元素首次出现的索引。

2）count(x)：返回指定元素在列表中出现的次数。

3）sort()：对列表进行原地排序。

4）reverse()：反转列表元素。

【例 3.1.1】使用列表实现学生成绩管理示例程序。完成以下需求：

（1）实现成绩的追加，增加单个成绩、多个成绩，在指定位置增加补考成绩。

（2）实现成绩的删除。

（3）实现成绩的统计。

（4）实现成绩的排序。

示例程序如下：

```
01   def manage_student_scores():
02       scores = [85, 92, 78, 95, 88]                    #创建初始成绩列表
03       scores.append(90)                                #添加一个新成绩
04       scores.extend([82, 87])                          #批量添加多个成绩
05       scores.insert(0, 93)                             #在开头插入补考成绩
06       print("添加成绩后：", scores)
07
08       scores.remove(78)                                #删除录入错误的成绩
09       last_score = scores.pop()                        #删除并获取最后成绩
10       print("删除成绩后：", scores)
11
12       print("90 分以上成绩次数:", scores.count(90))      #统计优秀成绩
13       print("最高分的索引：", scores.index(max(scores))) #查找最高分位置
14
15       scores.sort(reverse=True)                        #降序排列成绩
16       print("降序排列：", scores)
17       scores.reverse()                                 #反转成绩列表
```

```
18          print("反转排列: ", scores)
19
20  if __name__ == "__main__":
21          manage_student_scores()
```

说明:

- 02 行: 创建初始的学生成绩列表。
- 03~05 行: 展示了三种添加元素的方法, append()函数添加单个成绩, extend()函数批量添加成绩, insert()函数在指定位置插入补考成绩。
- 08、09 行: 演示列表的删除操作, remove()函数删除指定成绩, pop()函数移除并返回最后一个成绩。
- 12、13 行: 展示列表的查找和统计方法, count()函数统计特定分数出现次数, index()函数查找最高分的位置。
- 15~17 行: 展示列表的排序操作, sort()函数降序排列成绩, reverse()函数反转成绩列表。

程序运行结果如图 3.1.1 所示。

```
添加成绩后: [93, 85, 92, 78, 95, 88, 90, 82, 87]
删除成绩后: [93, 85, 92, 95, 88, 90, 82]
90分以上成绩次数: 1
最高分的索引: 3
降序排列: [95, 93, 92, 90, 88, 85, 82]
反转排列: [82, 85, 88, 90, 92, 93, 95]
```

图 3.1.1　程序运行结果

●▶练一练　创建一个包含 5 个商品价格的列表, 使用列表对价格进行升序排序, 并打印结果。

4. 列表推导式

列表推导式是 Python 富有特色的特性之一, 它提供了一种简洁的方式来创建列表, 完整语法如下:

```
[表达式 for 变量 in 可迭代对象 if 条件]
```

列表推导式通常比使用 for 循环更加简洁和易读, 下面用一个实际的例子来理解列表推导式。

【例 3.1.2】 创建一个学生成绩管理的示例程序, 展示列表的各种操作方法。完成以下需求:

（1）实现不同等级成绩的筛选（优秀、及格、不及格）。

（2）实现成绩的加分操作（不超过满分）。

（3）实现成绩的等级转换（A、B、C）。

（4）统计优秀率和及格率。

示例程序如下:

```
01  def process_exam_scores():
02      scores = [85, 92, 78, 95, 88, 45, 67]              #原始考试成绩
03      passed = [score for score in scores if score >= 60]  #筛选出及格成绩
04      bonus = [score + 5 for score in scores]            #所有成绩加 5 分
```

```
05          grades = ['A' if s>=90 else 'B' for s in scores]        #转换为等级评分
06          print("原始成绩： ", scores)
07          print("及格成绩： ", passed)
08          print("加分后： ", bonus)
09          print("等级评定： ", grades)
10
11      if __name__ == "__main__":
12          process_exam_scores()
```

说明：

- 02 行：创建原始考试成绩列表。
- 03 行：使用列表推导式筛选出及格成绩（分数>=60）。
- 04 行：使用列表推导式给所有成绩加 5 分奖励。
- 05 行：使用带条件的列表推导式将成绩转换为等级（90 分及以上为 A，否则为 B）。
- 06～09 行：打印显示原始成绩、及格成绩、加分后的成绩和等级评定结果。

程序运行结果如图 3.1.2 所示。

```
原始成绩： [85, 92, 78, 95, 88, 45, 67]
及格成绩： [85, 92, 78, 95, 88, 67]
加分后： [90, 97, 83, 100, 93, 50, 72]
等级评定： ['B', 'A', 'B', 'A', 'B', 'B', 'B']
```

图 3.1.2   程序运行结果

3.1.2   元组的基础与应用

1. 基本概念

元组是不可变序列类型，以其有序性和不可改变性为主要特征。元组中的每个元素会被分配一个不变的位置，一旦创建，就不能添加、删除或修改其中的任何元素。这种不可变性不仅确保了数据完整性，还使元组具备了一些特殊的用途，如作为字典的键。

元组的这种不变性对于表示固定关系的数据尤其合适。例如，坐标点中的 x 和 y 的关系、RGB 颜色中红绿蓝三个分量的关系，都适合用元组来表示。在函数返回多个值时，Python 实际上也是隐式地使用了元组。

2. 创建方式

在 Python 中，元组可以通过多种语法形式创建。最基本的方式是使用逗号将元素分隔，可以选择性地加上圆括号。创建单元素元组时，要特别注意必须在元素后添加逗号，否则圆括号会被解释为表达式的分组符号。使用内置的 tuple()函数也可以将其他可迭代对象转换为元组。

【例 3.1.3】使用元组实现学生成绩管理示例程序，完成以下需求：

（1）创建学生基本信息元组。

（2）演示创建单元素元组。

（3）使用元组进行成绩分析。

（4）实现元组的转换操作。

示例程序如下：

```
01  def manage_student_scores():
02      student = ('张三', 95, '高一')              #创建学生信息元组
03      score_a = (90,)                             #创建单元素元组
04      wrong_score = (90)                          #这是整数，不是元组
05      print("单元素元组：", type(score_a))         #输出 tuple 类型
06      print("错误示例：", type(wrong_score))       #输出 int 类型
07      scores = tuple([85, 92, 78])                #将列表转换为元组
08      subjects = tuple('语数英')                   #将字符串转换为元组
09      print("学生信息：", student)
10      print("成绩元组：", scores)
11
12  if __name__ == "__main__":
13      manage_student_scores()
```

说明：

- 02 行：创建包含学生基本信息的元组。
- 03~06 行：展示单元素元组的正确创建方式及常见错误。
- 07 行：展示列表转换为元组的方法。
- 08 行：展示字符串转换为字符元组的方法。
- 09、10 行：输出各类元组的内容。

程序运行结果如图 3.1.3 所示。

```
单元素元组：<class 'tuple'>
错误示例：<class 'int'>
学生信息：('张三', 95, '高一')
成绩元组：(85, 92, 78)
```

图 3.1.3　程序运行结果

●**练一练**　创建一个元组存储商品的基本信息（如商品编号、名称、价格），尝试修改其中的价格，观察结果。

3. 基本操作

由于元组是序列类型，它支持所有序列的通用操作。可以通过索引访问元素，使用切片获取子序列，用加法操作符连接元组，用乘法操作符重复元组。元组也支持成员测试操作符 in 和 not in，以及内置的 len()、min()、max()等函数。

【例 3.1.4】以颜色值管理和成绩分析为示例程序，展示元组的基本操作。

元组作为序列类型，支持多种基本操作，包括索引访问、切片获取、加法连接、乘法重复等。通过实际的颜色管理系统和成绩分析示例，展示这些操作的具体应用。在颜色管理中，使用嵌套元组存储 RGB 值；在成绩分析中，展示元组解包的实用性。示例程序如下：

```
01  def demonstrate_tuple_operations():
02      #存储 RGB 颜色值
03      colors = (
04          (255, 0, 0),                            #红色
05          (0, 255, 0),                            #绿色
06          (0, 0, 255)                             #蓝色
```

```
07          )
08          print("所有颜色：", colors)                    #输出所有颜色
09
10          #通过索引访问元素
11          red = colors[0]                                #获取红色的 RGB 值
12          blue_value = colors[2][2]                      #获取蓝色的蓝色分量
13          print("红色 RGB 值：", red)
14          print("蓝色分量：", blue_value)
15
16          #元组操作示例
17          scores = (89, 92, 78, 85)
18          highest = max(scores)                          #使用 max()函数
19          lowest = min(scores)                           #使用 min()函数
20          average = sum(scores) / len(scores)            #计算平均值
21          print(f"成绩分析 - 最高：{highest}，最低：{lowest}，平均：{average:.2f}")
22
23      if __name__ == "__main__":
24          demonstrate_tuple_operations()
```

说明：

- 03～07 行：创建了一个包含 RGB 颜色值的嵌套元组，展示了元组的多层结构。

- 10、11 行：演示了如何通过索引访问元组元素，包括嵌套元组的访问。

- 17～20 行：展示了元组的内置函数操作和基本运算。

程序运行结果如图 3.1.4 所示。

```
所有颜色：((255, 0, 0), (0, 255, 0), (0, 0, 255))
红色RGB值：(255, 0, 0)
蓝色分量：255
成绩分析 - 最高：92, 最低：78, 平均：86.00
```

图 3.1.4   程序运行结果

4. 常用方法

相比于列表丰富的方法集，元组只提供了两个方法：count()函数和 index()函数。这种最小化的方法集直接反映了元组的不可变性设计理念。

在实际应用中的示例如下：

```
#学生出勤记录：(学号, 姓名, 考勤状态)
attendance = (
    ('001', '张三', 'P'),
    ('002', '李四', 'A'),
    ('001', '张三', 'P')
)

#统计特定学生的出勤次数
zhang_san_attendance = attendance.count(('001', '张三', 'P'))

#找出第一个缺勤记录的位置
first_absent = attendance.index(('002', '李四', 'A'))
```

5. 高级应用

元组在 Python 中扮演着多个重要角色，以下是一些实际应用场景。

【例 3.1.5】展示元组在实际场景中的应用，创建示例程序。完成以下需求：

（1）实现配置信息的存储与解包。

（2）通过元组实现多返回值。

（3）使用具名元组存储数据。

（4）将元组作为字典键使用。

示例程序如下：

```
01  def demonstrate_tuple_usage():
02      config = ('localhost', 3306, 'mydb')           #存储配置信息
03      host, port, name = config                      #元组解包操作
04      print("数据库配置： ", host, port, name)
05
06      def calc_circle(radius):                       #多返回值函数
07          return 3.14 * radius * radius, 2 * 3.14 * radius
08      area, length = calc_circle(5)                  #接收多返回值
09
10      locations = {(116.3, 39.9): '北京'}            #将元组作为字典键
11      print(f"面积：{area:.2f}，周长：{length:.2f}")
12
13  if name == "main":
14      demonstrate_tuple_usage()
```

说明：

- 02、03 行：展示配置信息的存储和解包方式。
- 06~08 行：展示函数返回多个值的应用。
- 10 行：展示元组作为字典键的应用。
- 11 行：格式化输出计算结果。

程序整体展示了元组在实际应用中的多种用途。

程序运行结果如图 3.1.5 所示。

```
数据库配置: localhost 3306 mydb
面积:78.50, 周长:31.40
```

图 3.1.5　程序运行结果

3.1.3　字典的基础与应用

1. 基本概念

字典（Dictionary）是 Python 中具有特色的内置数据类型之一，作为可变映射类型的代表，它通过键值对形式存储数据。字典中的键必须是不可变类型（如字符串、数字或元组），而值则可以是任意 Python 对象。这种键值对的对应关系在底层通过哈希表实现，使得字典能够在大规模数据集合中实现快速查找和访问。与序列类型相比，字典放弃了元素的顺序性，转而获得了更高的检索效率和更灵活的数据组织方式。在 Python 3.7 之后的版本中，字典开始保持键值对的插入顺序，这一特性使得字典在数据处理和展示方面变得更加实用。字典的应用范围极

其广泛，从简单的数据缓存到复杂的配置管理系统，从网络请求参数的封装到数据库查询结果的存储，字典都扮演着不可替代的角色。在机器学习和数据分析领域，字典更是成为处理特征向量和模型参数的首选数据结构，字典结构图如图 3.1.6 所示。

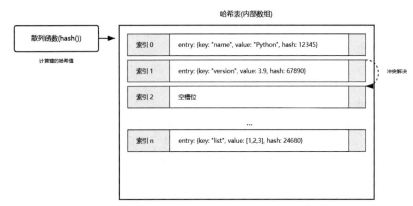

图 3.1.6　字典结构图

2. 创建方式

Python 提供了多种灵活的字典创建方式，每种方式都有其特定的应用场景和优势。最基本的创建方式是使用花括号{}直接声明键值对，这种方式直观且易于理解。dict()构造函数提供了另一种创建字典的方式，它可以接受双值序列、关键字参数或映射对象作为输入。字典推导式则为动态生成字典提供了语法支持，特别适合需要批量处理数据的场景。在处理大规模数据时，可以使用 zip()函数配合 dict()构造函数，将平行序列转换为字典。对于需要预设默认值的场景，dict.fromkeys()方法提供了便捷的解决方案。在面向对象编程中，通过类的__dict__属性也可以获得对象的属性字典。这些不同的创建方式适应了各种编程需求，为数据的组织和管理提供了灵活的选择。

【例 3.1.6】使用字典实现商品管理示例程序，完成以下需求：

（1）创建基本商品字典。

（2）使用 dict()构造函数创建字典。

（3）通过字典推导式创建字典。

（4）实现嵌套字典结构。

示例程序如下：

```
01   #基本商品字典
02   product = {'id': 'P001', 'name': '笔记本电脑', 'price': 4999}
03
04   #使用 dict()构造函数
05   items = dict(category='电子产品', brand='品牌 A', stock=50)
06
07   #字典推导式创建价格表
08   prices = {f'ITEM{i}': i*100 for i in range(1, 4)}
09
10   #嵌套字典结构
11   inventory = {
```

```
12        'P001': {'name': '笔记本电脑', 'stock': 50, 'price': 4999},
13        'P002': {'name': '鼠标', 'stock': 100, 'price': 99}
14    }
15    print("商品信息:", product, "\n 商品属性:", items)
```

说明：

- 02 行：展示了使用花括号{}创建基本字典的方法。
- 05 行：演示了 dict()构造函数创建字典的方法。
- 08 行：展示了字典推导式创建字典的方法。
- 11～14 行：创建了嵌套字典结构。
- 15 行：输出不同方式创建的字典内容。

程序运行结果如图 3.1.7 所示。

```
商品信息: {'id': 'P001', 'name': '笔记本电脑', 'price': 4999}
商品属性: {'category': '电子产品', 'brand': '品牌A', 'stock': 50}
```

图 3.1.7　程序运行结果

练一练　创建一个存储商品信息的字典，包含商品名称和商品价格两个键值对，并打印商品信息。

3. 基本操作

字典作为 Python 中的核心数据类型，提供了丰富的操作方法和访问机制。键值对的操作包括添加、修改、删除和访问等基本功能。通过方括号表示法可以直接访问和修改字典中的值，这种方式简单直接但可能引发 KeyError 异常。相比之下，get()方法提供了一种更安全的访问方式，可以为不存在的键设置默认返回值。字典中的 update()方法支持批量更新操作，能够合并两个字典或使用其他映射类型更新现有字典。在删除操作方面,Python 提供了 pop()、popitem()和 clear()等方法，分别用于删除指定键值对、删除并返回最后一个键值对，以及清空整个字典。通过 del 语句也可以删除指定的键值对或整个字典对象。字典的视图对象（通过 keys()、values()和 items()方法获得）提供了只读的字典内容访问方式，这些视图对象会随字典的变化而动态更新，特别适合遍历和检查字典内容。

【例 3.1.7】使用字典实现学生信息管理系统，完成以下需求：

（1）使用字典存储学生数据。

（2）实现学生信息的添加。

（3）实现学生信息的修改和访问。

（4）实现学生信息的删除。

示例程序如下：

```
01    #创建学生信息字典
02    student = {
03        '101': {'name': '张三', 'score': 85},
04        '102': {'name': '李四', 'score': 92}
05    }
06
07    #添加新的学生信息
08    student['103'] = {'name': '王五', 'score': 88}
```

```
09
10    #修改和访问学生信息
11    student['101']['score'] = 90
12    score = student.get('101', {}).get('score', '未找到')
13
14    #删除学生信息
15    removed = student.pop('102', None)
```

说明：

- 02～05 行：创建包含学生信息的嵌套字典。
- 08 行：展示添加新键值对的操作。
- 11、12 行：演示修改字典信息和安全访问方法。
- 15 行：展示删除操作并处理返回值。

4. 常用方法

字典类型提供了一系列强大的内置方法，这些方法极大地扩展了字典的功能性和实用性。copy()方法提供字典的浅复制；deepcopy()方法用于创建完全独立的深层副本；fromkeys()类方法为批量创建具有相同初始值的字典提供了便捷途径；setdefault()方法提供了一种优雅的方式来处理键不存在的情况，它结合了检查键是否存在和设置默认值两个操作。字典的视图方法（如keys()、values()、items()）返回的对象都是动态的，会随着字典的改变而更新，这一特性在处理大型数据集时特别有用。clear()方法用于清空字典，而不删除字典对象本身。在进行字典合并时，update()方法可以批量更新键值对，如果存在相同的键，则用新值覆盖原值。这些方法的组合使用可以实现复杂的数据处理需求，例如在构建缓存系统、配置管理或数据转换等场景中，这些方法都发挥着重要作用。

在实际应用中的例子如下。

【例 3.1.8】编写展示字典常用方法的典型应用示例程序，完成以下需求：

（1）使用基本字典方法。

（2）实现字典视图操作。

（3）处理字典键值对。

（4）展示字典删除、复制和清理操作。

示例程序如下：

```
01    #创建示例字典
02    student = {'id': '001', 'name': '张三', 'score': 85}
03
04    #常用方法操作演示
05    print("所有键:", student.keys())              #获取所有键
06    print("所有值:", student.values())            #获取所有值
07    print("所有项:", student.items())             #获取所有键值对
08
09    #获取和更新操作
10    score = student.get('score', 0)              #安全获取值
11    student.setdefault('age', 18)                #设置默认值
12    student.update({'age': 19, 'class': '一班'})   #批量更新
13
```

14	#删除、复制和清理操作	
15	removed = student.pop('score')	#删除并返回值
16	last_item = student.popitem()	#删除最后一项
17	student_copy = student.copy()	#创建浅复制
18	student.clear()	#清空字典

说明：

- 02 行：创建基础字典用于演示。
- 05～07 行：展示字典视图方法的使用。
- 10～12 行：展示获取和更新相关操作。
- 15～18 行：展示删除、复制和清理相关操作。

程序运行结果如图 3.1.8 所示。

```
所有键: dict_keys(['id', 'name', 'score'])
所有值: dict_values(['001', '张三', 85])
所有项: dict_items([('id', '001'), ('name', '张三'), ('score', 85)])
```

图 3.1.8　程序运行结果

5. 高级应用

字典在 Python 高级编程中有着广泛而深入的应用场景。在内存管理方面，字典作为命名空间的实现基础，支撑着 Python 的变量管理机制。在性能优化层面，字典的哈希表保证了 $O(1)$ 的平均查找时间（这表示无论字典中存储了多少数据，查找某个键所需的时间都基本恒定），使其成为高性能缓存系统的理想选择。在数据处理领域，字典可以用作简单的数据库，实现快速的键值存储和检索。在 Web 开发中，字典常用于处理 Java Script 对象表示法（Java Script Object Notation，JSON）数据、管理会话信息和处理表单数据。在配置管理系统中，多层嵌套的字典可以表示复杂的配置层级结构。字典推导式配合条件表达式，可以实现数据转换和过滤。作为默认参数的替代方案，字典可以实现更灵活的函数参数管理。在面向对象编程中，通过 __dict__ 属性可以动态地管理对象的属性和方法。

【例 3.1.9】展示字典在实际场景中的高级应用，编写示例程序完成以下需求：

（1）实现配置管理系统。

（2）创建简单的缓存系统。

（3）使用字典实现数据转换。

示例程序如下：

```
01  #多层配置管理
02  config = {
03      'database': {
04          'host': 'localhost',
05          'port': 5432,
06          'credentials': {'user': 'admin', 'pwd': '****'}
07      },
08      'cache': {'enabled': True, 'timeout': 300}
09  }
10
```

```
11   #简单缓存实现
12   cache = {}
13   def get_data(key, fetch_func):
14       return cache.setdefault(key, fetch_func())
15
16   #数据结构转换
17   data = [('name', '张三'), ('age', 20)]
18   user_dict = dict(data)
```

说明：

- 02～09 行：展示了多层配置管理系统的实现。
- 11～14 行：实现了一个简单的缓存机制。
- 17～18 行：展示了元组列表到字典的转换。

3.1.4 集合的基础与应用

1. 基本概念

集合在日常编程中扮演着重要角色，特别适合处理需要去除重复元素的数据场景。作为 Python 内置的数据类型之一，集合主要用于存储非重复的可哈希元素。在实际应用中，集合常用于处理用户标签系统、商品分类管理、权限控制等场景。例如，电商平台中的商品分类可能包含多个标签，使用集合可以自动去除重复标签；在用户权限管理中，不同用户组的权限可以通过集合运算快速得到交集和并集。集合的无序性使其在存储上更加高效，因为不需要维护元素的顺序信息。同时，由于集合要求元素可哈希，所以数字、字符串、元组等不可变类型都可以作为集合元素，而列表、字典等可变类型则不能直接存储在集合中。在大数据处理中，集合可以用来快速统计独特值的数量，如网站的独立访客数、学生选课系统中的课程组合等。集合的这些特性使其在数据去重、成员资格检查等场景中表现出色，为开发者提供了便捷的数据处理工具，集合的特性示意图如图 3.1.9 所示。

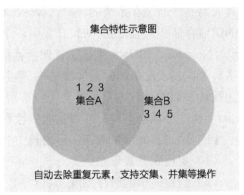

图 3.1.9 集合的特性示意图

2. 创建方式

在实际开发过程中，创建集合的方式需要根据具体场景选择。处理用户提交的表单数据时，可以使用 set() 函数将用户选择的多个选项转换为集合，自动去除重复选项。在处理 Excel 导入数据时，可以使用花括号直接创建包含预定义值的集合。网站后台管理系统中，常常需要处理用户标签，这时可以使用集合解析式快速创建相关联的标签集合。在日志分析系统中，可以通过 set() 函数将日志中的 IP 地址转换为集合，方便统计独立访问量。数据采集系统中，可以使用空集合作为初始容器，逐步添加采集到的唯一标识符。网络爬虫开发中，可以使用集合存储已访问的 URL，避免重复抓取。在批量文件处理时，可以用集合存储待处理文件的扩展名，确保文件类型的唯一性。

【例 3.1.10】 使用集合实现学生选课管理系统，编写示例程序，完成以下需求：

（1）创建课程集合。

（2）演示不同的集合创建方式。

（3）使用集合解析创建进阶课程。

（4）展示各类课程信息。

示例程序如下：

```
01  #创建课程集合
02  science_courses = {'物理', '化学', '生物'}
03  art_courses = {'文学', '历史', '地理'}
04
05  #使用 set()函数创建集合
06  student_selection = set(['物理', '化学', '文学'])
07
08  #创建空集合和使用集合解析式
09  new_courses = set()
10  advanced_courses = {course + '进阶' for course in science_courses}
11
12  print("理科课程： ", science_courses)
13  print("文科课程： ", art_courses)
14  print("进阶课程： ", advanced_courses)
```

说明：

- 02、03 行：创建了两个课程集合，分别包含理科和文科课程。
- 06 行：演示了使用 set()函数从列表创建集合的方法。
- 09 行：展示了创建空集合的正确方式。
- 10 行：使用集合解析式创建进阶课程集合。
- 12～14 行：输出所有课程信息，展示不同创建集合方式的结果。

程序运行结果如图 3.1.10 所示。

```
理科课程： {'物理'，'化学'，'生物'}
文科课程： {'地理'，'历史'，'文学'}
进阶课程： {'生物进阶'，'化学进阶'，'物理进阶'}
```

图 3.1.10　程序运行结果

●练一练　创建两个集合分别存储"手机类"和"电脑类"商品，使用集合运算找出两个分类的共同商品。

3. 基本操作

集合的基本操作主要围绕成员关系检测和集合论中的基本运算展开。在实际应用中，通过集合运算可以高效地处理数据之间的关系，如查找共同元素、排除重复项、合并数据等。集合的并集运算使用符号"|"或 union()方法，用于合并两个集合的所有不重复元素；交集运算使用符号"&"或 intersection()方法，用于获取两个集合共有的元素；差集运算使用符号"-"或 difference()方法，用于获取一个集合中独有的元素；对称差集使用符号"＾"或 symmetric_difference()方法，用于获取两个集合中不共有的所有元素。这些操作在用户标签分析、数据对比、关系网络分析等场景中经常使用。例如，在电商推荐系统中，可以通过计算用

户兴趣标签的交集来找到相似用户；在系统权限管理中，可以使用差集运算来确定用户缺失的权限；在社交网络分析中，可以使用对称差集来发现潜在的新朋友关系。集合还支持比较运算，可以判断两个集合的包含关系，这在层级结构数据的处理中非常有用。

【例 3.1.11】使用集合实现标签分析系统，编写示例程序，完成以下需求：

（1）创建用户兴趣标签集合。

（2）执行各种集合运算。

（3）分析用户兴趣交集。

（4）查找独有兴趣标签。

示例程序如下：

```
01  #创建用户兴趣标签集合
02  user1_tags = {'Python', 'Java', 'AI', 'Web'}
03  user2_tags = {'Python', 'AI', 'BigData', 'Cloud'}
04
05  #执行集合运算
06  all_interests = user1_tags | user2_tags
07  common_interests = user1_tags & user2_tags
08  unique_to_user1 = user1_tags - user2_tags
09
10  print("所有兴趣: ", all_interests)
11  print("共同兴趣: ", common_interests)
12  print("用户 1 独有兴趣: ", unique_to_user1)
```

说明：

- 02、03 行：创建两个用户的兴趣标签集合。
- 06 行：使用并集运算获取所有不重复的兴趣标签。
- 07 行：使用交集运算找出共同兴趣。
- 08 行：使用差集运算获取用户 1 的独有兴趣。
- 10～12 行：输出分析结果。

程序运行结果如图 3.1.11 所示。

```
所有兴趣: {'AI', 'Web', 'BigData', 'Python', 'Cloud', 'Java'}
共同兴趣: {'Python', 'AI'}
用户1独有兴趣: {'Web', 'Java'}
```

图 3.1.11　程序运行结果

4. 常用方法

集合类型提供了丰富的内置方法，这些方法使得集合操作更加灵活和强大。add()方法用于向集合中添加单个元素，如果元素已存在则不产生效果；remove()方法用于删除指定元素，如果元素不存在则引发 KeyError 异常；discard()方法用于删除元素，但对不存在的元素不会引发异常，使用更安全；pop()方法用于随机移除并返回一个元素，如果集合为空则引发 KeyError 异常；clear()方法用于清空集合中的所有元素。在实际应用中，这些方法常用于动态维护数据集，如更新用户权限、管理活动标签、维护缓存队列等场景。此外，集合还提供了 issubset()、issuperset()等方法用于检查集合间的包含关系，这在权限验证、数据完整性检查等场景中非常有用。update()方法可以一次性添加多个元素，intersection_update()、difference_update()等方法可以直接修改原集合，在处理大量数据时非常有用。

【例 3.1.12】展示集合的常用方法操作，编写示例程序，完成以下需求：

（1）演示元素的添加和删除操作。

（2）展示集合的批量更新操作。

（3）测试集合间的关系。

（4）处理集合的并交叉运算。

示例程序如下：

```
01   #创建初始权限集合
02   permissions = {'read', 'write'}
03
04   #添加和删除操作
05   permissions.add('execute')          #添加单个权限
06   permissions.remove('write')         #删除存在的元素
07   permissions.discard('admin')        #安全删除不存在的元素
08
09   #批量更新操作
10   new_permissions = {'read', 'write', 'admin'}
11   permissions.update(new_permissions) #批量添加元素
12
13   #集合关系测试
14   basic_permissions = {'read', 'write'}
15   print("是否是子集:", basic_permissions.issubset(permissions))
16   print("当前权限:", permissions)
```

说明:

- 02 行：创建初始权限集合。
- 05～07 行：展示添加和删除元素的不同方法。
- 10、11 行：演示批量更新操作。
- 14、15 行：测试集合间的包含关系。
- 16 行：输出最终结果。

程序运行结果如图 3.1.12 所示。

```
是否是子集: True
当前权限: {'execute', 'write', 'read', 'admin'}
```

图 3.1.12　程序运行结果

5. 高级应用

集合的高级应用主要体现在数据分析、关系处理和缓存管理等领域。在这些场景中，集合的高效性和独特性能够显著简化编程复杂度。例如，在网站的用户行为分析中，可以使用集合跟踪用户访问过的界面，计算界面之间的关联度；在社交网络推荐系统中，可以通过计算用户兴趣集合的相似度来推荐潜在好友；在缓存系统中，可以使用集合维护最近访问的数据项，实现简单的缓存淘汰策略。集合的原子性操作也使其适合在多线程环境中使用，通过集合可以安全地管理共享资源。在大数据处理中，集合常用于数据去重和关系分析，能够高效处理海量数据的唯一性要求。

【例 3.1.13】展示高级集合方法操作，编写示例程序，完成以下需求：

（1）展示交集更新操作。

（2）展示差集更新操作。

（3）展示成员关系测试。

（4）执行集合冻结操作。

示例程序如下：

```
01   #创建测试集合
02   set1 = {'a', 'b', 'c', 'd'}
03   set2 = {'c', 'd', 'e', 'f'}
04
05   #交集和差集更新
06   set1.intersection_update(set2)          #原地交集更新
07   print("交集更新后:", set1)
08
09   set1 = {'a', 'b', 'c', 'd'}              #重置集合
10   set1.difference_update(set2)             #原地差集更新
11   print("差集更新后：", set1)
12
13   #成员测试和集合冻结
14   print("'b'是否在集合中：", 'b' in set1)
15   frozen_set = frozenset(set1)             #创建不可变集合
```

说明：

- 02、03 行：创建测试用的基础集合。
- 06、07 行：展示交集更新操作及结果。
- 09～11 行：展示差集更新操作及结果。
- 14 行：测试成员关系。
- 15 行：创建不可变集合。

程序运行结果如图 3.1.13 所示。

```
交集更新后: {'c', 'd'}
差集更新后: {'a', 'b'}
'b'是否在集合中: True
```

图 3.1.13　程序运行结果

3.1.5　数据类型转换

1. 本质与特性

类型转换（Type Conversion）是编程语言中一个基础而重要的概念。在 Python 中，类型转换指的是将一个变量或表达式的数据类型转换为另一个数据类型的过程。Python 作为一种动态类型语言，虽然在定义变量时不需要显式声明类型，但在程序执行过程中仍然需要进行各种类型转换。

Python 中的类型转换可以分为两类。第一类是隐式转换（Implicit Conversion），也称为强制转换或自动转换，这种转换由 Python 解释器自动完成。例如，当整数和浮点数进行运算时，整数会自动转换为浮点数。第二类是显式转换（Explicit Conversion），也称为类型转化，这种转换需要通过调用特定的转换函数来实现，如 int()函数、float()函数、str()函数等，数据类型转换图如图 3.1.14 所示。

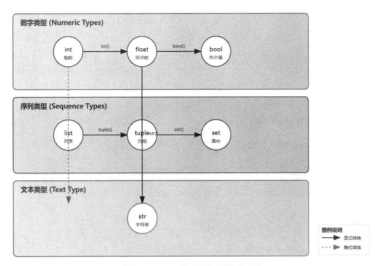

图 3.1.14　数据类型转换图

在设计数据类型转换系统时，需要考虑以下几个关键因素：首先是数据类型的安全性，转换过程不应导致数据丢失或产生不可预期的结果；其次是结果一致性，相同的转换在不同场景下应产生相同的结果；最后是可预测性，转换结果应符合直觉预期。这种转换机制可以用以下伪代码表示：

```
类型检查(值, 目标类型):
    检查值是否可以安全转换为目标类型
    返回检查结果

执行转换(值, 目标类型):
    进行类型安全检查
    应用相应的转换规则
    处理可能的异常情况
    返回转换结果
```

2. 数值类型间的转换

数值类型间的转换是最基础、最常见的转换操作，主要涉及整数、浮点数和复数之间的互相转换。在实际开发中，数值转换的需求广泛存在于数据处理、科学计算、金融计算等场景。整数和浮点数之间的转换需要特别注意精度问题，将浮点数转换为整数时会舍弃小数部分，而不是进行四舍五入。在处理金融数据时，使用浮点数可能导致精度误差，这时可以考虑使用decimal 模块。将复数转换为其他数值类型时需要注意复数的虚部，只有虚部为 0 的复数才能转换为浮点数或整数。在科学计算中，不同的计算库可能要求不同的数据类型，这时就需要进行相应的类型转换。进行数值转换时还需要注意数据范围，例如将大数转换为较小范围的数据类型时可能发生溢出。在处理用户输入时，经常需要将字符串转换为适当的数值类型，这时需要做好异常处理，确保输入数据的有效性。

【例 3.1.14】实现数值类型转换系统，编写示例程序，完成以下需求：

（1）演示整数和浮点数转换。

（2）演示复数转换。

（3）展示数值精度处理。

示例程序如下：

```
01  #数值类型转换示例
02  float_num = 3.14159
03  int_num = int(float_num)                    #浮点数转整数
04
05  #复数转换
06  complex_num = 3 + 4j
07  magnitude = float(abs(complex_num))         #复数转浮点数
08
09  #精度处理
10  from decimal import Decimal
11  precise_num = Decimal('3.14')
12
13  print(f"转换后的整数: {int_num}")
14  print(f"复数的模: {magnitude}")
15  print(f"精确数值: {precise_num}")
```

说明：

- 02、03 行：演示浮点数转换为整数。
- 06、07 行：演示复数转换为浮点数。
- 10、11 行：演示精确数值处理。
- 13～15 行：输出转换结果。

程序运行结果如图 3.1.15 所示。

```
转换后的整数: 3
复数的模: 5.0
精确数值: 3.14
```

图 3.1.15　程序运行结果

3. 序列类型间的转换

序列类型（字符串、列表、元组）之间的转换在 Python 数据处理中占据重要地位。这些转换操作为数据结构的灵活调整提供了便利。字符串转换为列表通常使用 split() 方法按特定分隔符拆分，或使用 list() 函数将字符串转换为单个字符的列表。列表转换为字符串可以使用 join() 方法，需要注意列表中的元素必须都是字符串类型。列表和元组之间的转换是最直接的，使用 list() 和 tuple() 函数即可完成。在 Web 开发中，常需要处理前端传来的字符串数据，将其类型转换为 Python 中的列表或元组；在文件处理中，经常需要将文本行转换为列表进行处理；在数据序列化时，可能需要在不同序列类型之间转换以满足特定格式要求。序列类型转换还需要注意嵌套结构的处理，例如包含元组的列表或包含列表的元组，在转换时需要考虑是否需要递归转换内部结构。在处理大量数据时，不同序列类型的性能特点也需要考虑，例如元组比列表更节省内存，但不支持修改操作等。

【例 3.1.15】实现序列类型转换系统，编写示例程序，完成以下需求：

（1）演示字符串与列表转换。

（2）实现列表与元组转换。

（3）处理嵌套序列转换。

示例程序如下：

```
01    #字符串与列表转换
02    text = "Python,Java,C++"
03    lang_list = text.split(',')                      #字符串转列表
04    lang_str = '-'.join(lang_list)                   #列表转字符串
05
06    #列表与元组转换
07    numbers = [1, 2, 3, 4, 5]
08    num_tuple = tuple(numbers)                        #列表转元组
09    back_to_list = list(num_tuple)                    #元组转列表
10
11    #处理嵌套序列
12    nested = [(1, 2), (3, 4)]
13    converted = [list(t) for t in nested]
14
15    print("语言列表：", lang_list)
16    print("转换后的字符串：", lang_str)
17    print("嵌套转换结果：", converted)
```

说明：

- 02～04 行：展示字符串和列表的互相转换。
- 07～09 行：演示列表和元组的互相转换。
- 12、13 行：展示嵌套序列的转换处理。
- 15～17 行：输出各种转换结果。

程序运行结果如图 3.1.16 所示。

```
语言列表： ['Python', 'Java', 'C++']
转换后的字符串： Python-Java-C++
嵌套转换结果： [[1, 2], [3, 4]]
```

图 3.1.16　程序运行结果

4. 字典和集合的转换

字典和集合的转换操作在数据结构调整和优化中发挥着关键作用。字典可以通过 items() 方法转换为包含键值对元组的列表或视图，通过 keys() 方法和 values() 方法获取键集合和值集合。集合可以通过 dict() 函数转换为字典，但需要确保集合中的元素是可作为键值对的序列。在数据处理中，经常需要将字典的键或值转换为集合来进行去重或集合运算；在配置管理中，可能需要将配置项从集合转换为字典以添加额外的属性信息；在缓存系统中，可能需要在字典和集合之间转换以优化存储结构。字典和集合的转换还需要注意数据的有效性，例如确保作为字典键的元素是可哈希的，确保集合元素的格式符合字典转换要求。在处理大规模数据时，不同数据结构的性能特点也需要考虑，如字典的查找效率和集合的唯一性特征。这些转换操作在数据清洗、特征工程等数据科学场景中经常使用。

【例 3.1.16】实现字典集合转换系统，编写示例程序，完成以下需求：

（1）演示字典与集合的基本转换。

（2）实现字典键值集合转换。

（3）演示集合转换为字典。

（4）演示实际应用场景。

示例程序如下：

```
01   #字典与集合基本转换
02   user_dict = {'Tom': 25, 'Jerry': 30, 'Bob': 25}
03   age_set = set(user_dict.values())                    #提取年龄集合
04
05   #字典键值处理
06   name_set = set(user_dict.keys())                     #提取名字集合
07   pairs = set(user_dict.items())                       #转换为键值对集合
08
09   #集合转字典
10   numbers = {1, 2, 3, 4}
11   num_dict = dict.fromkeys(numbers, 0)                 #集合转换为字典
12
13   print("年龄集合: ", age_set)
14   print("名字集合: ", name_set)
15   print("数字字典: ", num_dict)
```

说明：

- 02、03 行：演示从字典提取值集合。
- 06、07 行：演示字典键值与集合转换。
- 10、11 行：演示集合转换为字典。
- 13～15 行：输出转换结果。

程序运行结果如图 3.1.17 所示。

```
年龄集合: {25, 30}
名字集合: {'Bob', 'Tom', 'Jerry'}
数字字典: {1: 0, 2: 0, 3: 0, 4: 0}
```

图 3.1.17　程序运行结果

5. 高级类型转换应用

高级类型转换涉及更复杂的场景和特殊需求，包括自定义对象的转换、JSON 数据转换、二进制数据转换等。在现代应用开发中，数据格式的转换和兼容性处理变得越来越重要。例如，在处理 API 数据时，经常需要在 JSON 格式和 Python 原生数据类型之间转换；在处理数据库数据时，需要将数据库记录转换为应用层的数据结构；在处理图像数据时，需要在不同的数据表示形式之间转换。使用 pickle 模块可以实现 Python 对象的序列化和反序列化，这在数据持久化和网络传输中非常有用。在处理日期时间数据时，需要在字符串和 datetime 对象之间转换。处理 XML、CSV 等格式数据时，也需要适当的类型转换。在进行这些高级转换时，需要特别注意数据的安全性和完整性。例如，在处理 JSON 数据时需要考虑编码问题，在进行对象序列化时需要注意安全隐患等。同时，性能优化也是一个重要考虑因素，例如，在处理大量数据时，

选择适当的转换方法和中间格式可以显著提高效率。

【例 3.1.17】实现高级数据转换系统，编写示例程序，完成以下需求：

（1）演示 JSON 数据转换。

（2）实现对象序列化。

（3）处理日期时间转换。

示例程序如下：

```
01  import json
02  import pickle
03  from datetime import datetime
04
05  #JSON 数据转换
06  data = {'name': '张三', 'age': 25, 'scores': [90, 85, 88]}
07  json_str = json.dumps(data, ensure_ascii=False)
08  data_back = json.loads(json_str)
09
10  #对象序列化
11  class Student:
12      def __init__(self, name, age):
13          self.name = name
14          self.age = age
15
16  student = Student('李四', 20)
17  serialized = pickle.dumps(student)
18
19  #日期时间处理
20  now = datetime.now()
21  date_str = now.strftime('%Y-%m-%d %H:%M:%S')
22
23  print("JSON 字符串：", json_str)
24  print("日期字符串：", date_str)
```

说明：

● 06～08 行：演示 JSON 数据的序列化和反序列化。

● 11～17 行：演示对象的序列化。

● 20、21 行：演示日期时间的格式转换。

● 23、24 行：输出转换结果。

程序运行结果如图 3.1.18 所示。

```
JSON字符串: {"name": "张三", "age": 25, "scores": [90, 85, 88]}
日期字符串: 2024-11-12 16:00:01
```

图 3.1.18　程序运行结果

6. 注意事项和最佳实践

在进行类型转换时，需要注意一些关键问题和最佳实践原则。首要考虑数据的有效性和完整性，在转换前应该验证源数据的格式是否符合要求，避免在转换过程中出现异常。对于数值类型转换，要注意精度损失和数值范围的问题，必要时使用 decimal 模块处理高精度计算。在处理字符串转换时，要注意编码问题，特别是在处理多语言环境时。进行容器类型转换时，要考虑深浅复制的影响，避免出现意外的数据共享。在处理大规模数据转换时，要注意内存使用和性能优化，选择适当的批处理策略。异常处理是类型转换中的重要环节，应该使用 try-except 语句捕获和处理可能出现的转换错误。在处理用户输入时，要进行适当的数据验证和清理，确保类型转换的安全性。文档化也是一个重要实践，应该清晰地记录转换的规则和限制，方便后期维护和协作开发。定期检查和更新转换逻辑，确保其适应数据格式和业务需求的变化。

【例 3.1.18】实现类型转换最佳实践，编写示例程序，完成以下需求：

（1）演示安全的类型转换。

（2）实现数据验证检查。

（3）处理异常情况。

示例程序如下：

```
01   from decimal import Decimal, InvalidOperation
02
03   def safe_convert(value, target_type, default=None):
04       try:
05           if target_type == Decimal:
06               return Decimal(str(value))
07           return target_type(value)
08       except (ValueError, TypeError, InvalidOperation):
09           return default
10
11   #类型转换示例
12   values = ['123', '12.34', 'abc', '']
13   results = []
14
15   for value in values:
16       int_val = safe_convert(value, int, 0)
17       float_val = safe_convert(value, float, 0.0)
18       results.append((value, int_val, float_val))
19
20   print("转换结果：")
21   for orig, int_val, float_val in results:
22       print(f"{orig}: int={int_val}, float={float_val}")
```

说明：

- 03～09 行：定义安全的类型转换函数，使用 try-except 捕获 ValueError、TypeError 和 InvalidOperation 异常，遇到异常时返回默认值。
- 12、13 行：准备测试数据。
- 15～18 行：执行多种类型转换。
- 20～22 行：输出转换结果。

程序运行结果如图 3.1.19 所示。

```
转换结果:
123: int=123, float=123.0
12.34: int=0, float=12.34
abc: int=0, float=0.0
: int=0, float=0.0
```

图 3.1.19   程序运行结果

【任务实施】

诚信科技公司需要开发一个功能完整的购物车管理系统，该系统将综合使用 Python 的多种数据结构（列表、元组、字典、集合）实现商品管理和购物车功能。实现步骤如下。

步骤 1：定义购物车类和基础数据结构。

首先创建 ShoppingCart 类，并初始化各种数据结构。示例程序如下：

```python
class ShoppingCart:
    def __init__(self):
        self.cart_items = []                    #利用列表存储购物车商品
        self.inventory = {                      #利用字典存储商品库存
            'A001': {'name': '苹果', 'price': 5.0, 'stock': 100},
            'B002': {'name': '香蕉', 'price': 3.5, 'stock': 80},
            'C003': {'name': '橙子', 'price': 4.5, 'stock': 90}
        }
```

步骤 2：添加商品固定信息存储。

使用元组存储商品的固定属性信息。示例程序如下：

```python
#元组存储商品固定信息（商品 ID, 分类, 单位）
        self.product_info = {
            'A001': ('FRT001', '水果', '千克'),
            'B002': ('FRT002', '水果', '千克'),
            'C003': ('FRT003', '水果', '千克')
        }
```

步骤 3：实现商品分类管理。

使用集合存储并管理商品分类。示例程序如下：

```python
#集合存储商品分类
        self.categories = set(info[1] for info in self.product_info.values())
```

步骤 4：开发购物车添加功能。

实现商品添加到购物车的核心功能。示例程序如下：

```python
def add_to_cart(self, product_id, quantity):
    if product_id in self.inventory:
        item = self.inventory[product_id]
        if item['stock'] >= quantity:
            self.cart_items.append({
                'id': product_id,
                'name': item['name'],
                'quantity': quantity,
                'price': item['price']
```

```
                    })
                    item['stock'] -= quantity
```

步骤 5： 实现购物车汇总功能。

添加计算购物车总金额和商品统计的功能。示例程序如下：

```
def get_cart_summary(self):
        total = sum(item['price'] * item['quantity'] for item in self.cart_items)
        items_count = len(self.cart_items)
        #转换为元组返回（总金额，商品种类数）
        return (round(total, 2), items_count)
```

步骤 6： 测试系统功能。

示例程序如下：

```
cart = ShoppingCart()
cart.add_to_cart('A001', 2)                       #添加 2 千克苹果
cart.add_to_cart('B002', 3)                       #添加 3 千克香蕉
print("购物车汇总：", cart.get_cart_summary())
print("商品分类：", cart.categories)
```

完整代码如下：

```
01    #购物车管理系统
02    class ShoppingCart:
03        def __init__(self):
04            self.cart_items = []                   #利用列表存储购物车商品
05            self.inventory = {                     #利用字典存储商品库存
06                'A001': {'name': '苹果', 'price': 5.0, 'stock': 100},
07                'B002': {'name': '香蕉', 'price': 3.5, 'stock': 80},
08                'C003': {'name': '橙子', 'price': 4.5, 'stock': 90}
09            }
10            #元组存储商品固定信息（商品 ID，分类，单位）
11            self.product_info = {
12                'A001': ('FRT001', '水果', '千克'),
13                'B002': ('FRT002', '水果', '千克'),
14                'C003': ('FRT003', '水果', '千克')
15            }
16            #集合存储商品分类
17            self.categories = set(info[1] for info in self.product_info.values())
18
19        def add_to_cart(self, product_id, quantity):
20            if product_id in self.inventory:
21                item = self.inventory[product_id]
22                if item['stock'] >= quantity:
23                    self.cart_items.append({
24                        'id': product_id,
25                        'name': item['name'],
26                        'quantity': quantity,
27                        'price': item['price']
28                    })
```

```
29                item['stock'] -= quantity
30
31        def get_cart_summary(self):
32            total = sum(item['price'] * item['quantity'] for item in self.cart_items)
33            items_count = len(self.cart_items)
34            #转换为元组返回（总金额，商品种类数）
35            return (round(total, 2), items_count)
36    cart = ShoppingCart()
37    cart.add_to_cart('A001', 2)              #添加 2 千克苹果
38    cart.add_to_cart('B002', 3)              #添加 3 千克香蕉
39    print("购物车汇总:", cart.get_cart_summary())
40    print("商品分类:", cart.categories)
```

说明：

- 04 行：使用列表存储购物车中的商品。
- 05～09 行：使用字典存储商品库存信息。
- 11～15 行：使用元组存储商品的固定信息。
- 17 行：使用集合存储商品分类。
- 19～29 行：实现添加商品到购物车的功能。
- 31～35 行：计算购物车总金额，并进行数据类型转换。

程序运行结果如图 3.1.20 所示。

```
购物车汇总：(20.5, 2)
商品分类：{'水果'}
```

图 3.1.20　程序运行结果

【任务小结】

本任务系统梳理了 Python 中处理批量数据的核心知识体系。列表作为最基础的序列类型，其可变性和灵活性为数据存储和操作提供了基础支持。通过学生成绩管理系统的实践，深入展示了列表在添加、删除、查找和排序等操作中的应用，以及列表推导式在数据处理中的优势。列表的灵活运用直接影响数据处理的效率和代码的简洁性。

元组作为不可变序列类型，在需要保证数据完整性的场景中发挥重要作用。学生信息管理系统的开发实践表明，元组适合存储固定关系的数据，如坐标点、RGB 颜色值等。元组的不可变性为保护关键数据提供了天然的安全机制，同时其作为字典键的能力扩展了数据结构的应用范围。

字典提供了键值对的映射关系，为复杂数据的组织和管理提供了有力工具。商品管理系统的实现过程中，字典的高效查找特性和灵活的数据组织方式，使得商品信息的存储和检索变得简单高效。字典的视图对象和丰富的操作方法，为数据处理提供了多样化的解决方案。

集合通过其独特的去重特性和高效的集合运算，在数据分析和关系处理中发挥重要作用。标签分析系统的开发展示了集合在处理用户标签、权限管理等场景中的应用价值。集合运算（并集、交集、差集）为复杂的数据关系处理提供了简洁的实现方式。

数据类型转换构成了数据处理的重要环节。购物车管理系统的实现过程中，不同数据类型之间的转换需求普遍存在，如序列类型之间的互换、数值类型的精确转换等。合理的类型转换不仅确保了数据的准确性，也提高了程序的健壮性和可维护性。

理论与实践的结合是掌握数据处理技能的关键。通过购物车管理系统这一综合案例，系

统地运用了列表、元组、字典、集合等数据结构，展示了它们在实际应用中的协同效果。这些数据处理技能不仅支撑了系统的基本功能实现，也为开发更复杂的数据处理系统奠定了基础。掌握这些核心知识和技能，对提升 Python 程序设计水平具有重要意义。

【课堂练习】

1．编写一个函数，实现任意进制数字字符串之间的转换（如二进制转十六进制）。

2．编写一个函数，将 CSV 格式的字符串转换为字典列表。

3．编写一个类型转换装饰器，用于函数参数的自动类型转换。

4．编写一个函数，将嵌套的数据结构（如嵌套列表）转换为扁平化结构。

5．编写一个函数，处理不同编码格式之间的字符串转换（如 UTF-8 和 GBK 之间的转换）。

6．编写一个函数，将 XML 格式的字符串转换为 Python 字典。

7．编写一个函数，实现 Python 基本数据类型与 JSON 格式之间的相互转换。

8．编写一个数据验证和转换系统程序，可以根据预定义的模式自动转换和验证数据类型。

【课后习题】

一、填空题

1．Python 中列表是_____数据类型，而元组是_____数据类型。

2．字典中的键必须是_____类型的数据。

3．使用_____方法可以向列表末尾添加元素。

4．集合使用_____符号表示，其中的元素是_____的。

5．将字典的键转换为列表使用_____方法。

二、简答题

1．比较列表和元组的区别。

2．解释字典的键为什么不能使用列表作为键值。

3．说明集合和列表在去重操作方面的区别。

4．列举至少 3 种数据类型之间的转换方法，并解释其作用。

5．解释字典的键值对特性，并说明如何遍历字典的键和值。

三、程序设计题

1．编写程序。创建一个包含 5 个数字的列表，将其转换为元组，再将元组转换为集合，分别打印每次转换后的类型和内容。

2．创建一个学生信息管理程序。用字典存储学生信息（学号、姓名、成绩），实现添加、查询、修改学生信息的功能，并能打印所有学生的平均成绩。

3．实现一个购物车去重程序。先创建一个列表存储重复的商品名称，使用集合去除重复商品，将去重后的商品重新保存为列表并按首字母顺序升序排序。

四、综合项目

设计一个商品库存管理系统，使用字典存储商品信息，包含商品编号（作为键）和商品信息（使用元组存储名称、价格、库存）。系统需要实现添加新商品（检查商品编号是否已存在）、修改商品信息（只允许修改价格和库存）、删除商品等功能。统计功能需要包括计算总库存商品数量、计算总库存金额、生成库存预警列表（库存数量小于 10 的商品）。同时使用集合存储所有商品分类，实现分类统计。数据验证要求商品编号必须为字符串，价格必须为数字且大于 0，库存必须为整数且不小于 0。代码实现需要包含适当的注释，考虑异常处理，注意数据类型的转换和验证。

任务 3.2　商品管理模块的开发

【任务目标】

诚信科技公司正在开发一套新的商城系统，为提升系统的可维护性和稳定性，公司决定对核心功能模块进行重构。作为项目组的开发成员，你将参与商品管理模块的开发工作。本任务将引导读者深入学习 Python 的函数与模块化编程，包括函数定义与调用、模块创建与导入、异常处理机制等关键技术。这些高级编程特性的掌握，将帮助团队构建一个结构清晰、运行可靠的商品管理系统。本任务将应用函数封装业务逻辑，使用模块组织代码结构，通过异常处理确保系统稳定运行，通过这些技术的综合运用，提升整个商城系统的代码质量和可维护性。

通过本任务的学习，实现以下任务目标：

（1）掌握 Python 内置函数的使用方法和自定义函数的创建，理解变量作用域的概念与规则。

（2）学会使用 Python 的模块管理功能，能够熟练导入使用内置模块、第三方模块，并创建自定义模块。

（3）理解并掌握 Python 的异常处理机制，能够使用 try-except 语句进行异常捕获，使用 raise 语句和 assert 语句进行异常控制。

（4）能够综合运用函数、模块和异常处理知识，实现商城系统的商品管理功能模块。

【思政小课堂】

分工协作，共建共享。Python 的函数和模块化设计理念，体现了"分工协作，共建共享"的现代工程思想。这与中国古代匠人们建造大型建筑时，各工种之间的紧密配合如出一辙。每个函数如同一位能工巧匠，专注于自己的职责；而模块则像是不同的工种，各司其职又密切配合。

未雨绸缪，安全至上。异常处理机制则体现了"未雨绸缪，安全至上"的责任意识。正如古人修建水利工程时，不仅要保证其正常运转，还要充分考虑各种异常情况。编程过程中应秉持这种严谨态度，通过完善的异常处理机制来确保系统的稳定性。

在学习和应用 Python 函数与模块的过程中，培养精益求精的工匠精神，树立团队协作的

意识，通过模块化设计和健壮的异常处理，为用户提供安全可靠的软件系统。

【知识准备】

3.2.1 函数

1. 函数的定义

以抢金币游戏程序为例，在游戏的运行过程中，需要频繁地计算距离、判断碰撞、更新分数等操作。如果每次都重复编写相同的代码，程序会变得非常臃肿，可读性也会很差。假如后期需要修改计算逻辑，则需要修改每一处使用该功能的地方，很容易发生遗漏。几乎所有的编程语言中都会碰到这个问题，各种编程语言都将这类实现单独功能的代码从原来的主程序中抽取出来，做成一个子程序，并为这个子程序设置一个名称。在主程序中需要使用到子程序功能的地方，只要写上子程序的名称，计算机便会去执行子程序中的代码，当子程序中的代码执行完后，计算机又会回到主程序中接着往下执行代码。在 Python 中，这种子程序叫函数（function）。

函数是解决一类特定问题的步骤的有序程序组合，它是构成 Python 程序的基本单元。函数在程序中被创建后，可在其他地方被调用。通过使用函数可以使程序变得更简短而清晰，有利于程序维护，提高程序开发效率，函数概念图如图 3.2.1 所示。

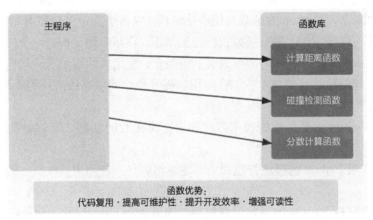

图 3.2.1　函数概念图

Python 使用 def 关键字来定义函数，其一般形式为：

```
def 函数名([参数列表]):
    """文档字符串"""
    [函数体]
    [return [返回值]]
```

说明：

（1）def 是关键字，用来声明函数定义。

（2）函数名必须符合标识符命名规则。

（3）参数列表是可选的，多个参数之间用逗号分隔。

（4）函数体是函数封装的程序代码。

（5）return 语句用来返回函数值，是可选的。

函数定义组成结构图如图 3.2.2 所示。

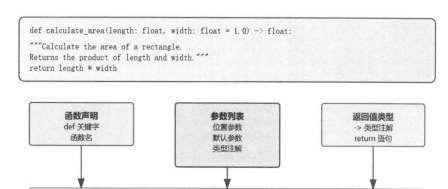

图 3.2.2　函数定义组成结构图

【例 3.2.1】在窗口上打印出 3 个由星号组成的矩形，编写示例程序。示例程序如下：

```
01   def print_rectangle(rows, cols):
02       """打印一个由星号组成的矩形
03
04       Args:
05           rows (int): 矩形的行数
06           cols (int): 矩形的列数
07       """
08       for i in range(rows):
09           for j in range(cols):
10               print("*", end=" ")
11           print()                          #换行
12       print()                              #额外打印一个空行
13
14   #调用函数打印不同大小的矩形
15   print_rectangle(3, 5)   #打印 3 行 5 列的矩形
16   print_rectangle(2, 4)   #打印 2 行 4 列的矩形
17   print_rectangle(6, 10)  #打印 6 行 10 列的矩形
```

说明：

- 01 行：定义了 print_rectangle() 函数，该函数接收 rows() 和 cols() 两个参数。
- 02～07 行：是函数的注释文档字符串，用来说明函数的功能和参数说明。
- 08～12 行：是函数体，使用嵌套的 for 循环打印星号矩形，其中：外层循环控制行数；内层循环控制每行的星号数；每行结束打印换行；每个矩形之间打印空行。
- 15～18 行：展示了函数的三次调用，分别打印不同大小的矩形。

程序展示了嵌套 for 循环的典型应用，运行结果如图 3.2.3 所示。

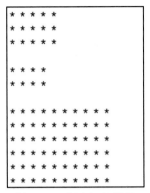

图 3.2.3 程序运行结果

分析上面的代码,不难看出函数的主要作用就是代码复用。通过定义 print_rectangle()函数,只需要编写一次打印矩形的代码,就可以在程序中多次使用这个功能。如果需要修改打印方式,只需要修改函数定义处的代码即可。

【例 3.2.2】编写一个判断闰年的程序。根据公历规则,能被 4 整除但不能被 100 整除,或者能被 400 整除的年份是闰年。示例程序如下:

```
01   def is_leap_year(year):
02        """"判断指定年份是否为闰年
03
04        Args:
05            year (int): 要判断的年份
06
07        Returns:
08            bool: 是闰年返回 True,否则返回 False
09        """"
10        if (year % 4 == 0 and year % 100 != 0) or (year % 400 == 0):
11            return True
12        return False
13
14   #测试不同年份
15   year = int(input("请输入年份: "))
16   if is_leap_year(year):
17        print(f"{year}年是闰年!")
18   else:
19        print(f"{year}年不是闰年!")
```

说明:

- 01 行:定义了 is_leap_year()函数,该函数接收一个整数参数 year。
- 02~09 行:是函数的注释文档字符串,详细说明了函数的参数和返回值类型。
- 10~12 行:是函数体,根据闰年的判断规则返回布尔值。
- 14~19 行:展示了函数的测试代码,通过用户输入进行闰年判断。

程序展示了条件判断结构的典型应用,运行结果如图 3.2.4 所示。

请输入年份：*2000*
2000年是闰年！

图 3.2.4　程序运行结果

2. 函数的参数

在程序设计中，函数通常需要与外部进行数据传递和交换。例如，要计算圆的面积，就需要知道圆的半径；要求两个数的和，就需要知道这两个数的值。这些需要传递给函数的数据就是函数的参数。传递参数是函数与外部进行数据交互的主要方式，参数可以使函数更具有通用性。

在函数的参数传递过程中，定义函数时的参数称为形式参数（简称形参），调用函数时传入的参数称为实际参数（简称实参），形参和实参对应关系图如图 3.2.5 所示。形参就像是函数内部定义的变量，在函数未被调用时它没有具体的值。当函数被调用时，实参的值会传递给形参，此时形参才具有了实际的值。可以将形参理解为函数的接口，它规定了函数需要接收什么类型、多少个数据，而实参则是传递给这个接口的具体数据。

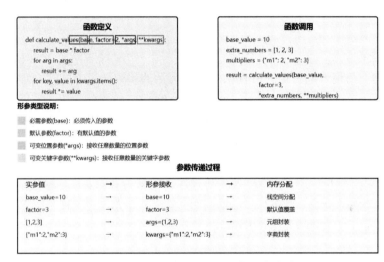

图 3.2.5　形式参数与实际参数对应关系图

【例 3.2.3】编写一个三角形面积计算的程序来理解形参和实参的概念。示例程序如下：

```
01   def calculate_triangle_area(base, height):
02       """计算三角形面积的函数
03
04       Args:
05           base (float): 底边长度
06           height (float): 高度
07
08       Returns:
09           float: 三角形面积
10       """
11       area = 0.5 * base * height
12       return area
13
14   #调用函数计算三角形面积
15   width = 6
```

```
16    high = 4
17    result = calculate_triangle_area(width, high)
18    print(f"底边={width}，高={high}的三角形面积为：{result}")
```

说明：

- 01 行：定义了 calculate_triangle_area()函数，其中 base 和 height 是形式参数。
- 02～10 行：函数的注释文档字符串，说明了函数的参数类型和返回值。
- 11～12 行：函数体，计算并返回三角形面积。
- 14～18 行：展示了函数调用，其中 width 和 high 是实参。

程序展示了形参和实参的对应关系，体现了参数传递的工作机制。

程序运行结果如图 3.2.6 所示。

底边=6,高=4的三角形面积为:12.0

图 3.2.6　程序运行结果

●练一练　定义一个计算商品折扣价的函数，接收原价和折扣率两个参数，返回折扣后的价格。

3．参数传递的方式

Python 作为一门现代编程语言，提供了多种灵活的参数传递方式。合理使用这些传递方式，可以让函数的定义和调用更加简洁、清晰。Python 支持位置参数、关键字参数、默认参数等多种参数传递方式，使得函数调用更加灵活多样。在实际编程中，可以组合使用不同的参数传递方式，以满足各种复杂的编程需求。

位置参数是最基本的参数传递方式，它要求实参与形参的位置完全对应。关键字参数则允许通过参数名来指定参数值，使得参数的传递不再依赖位置。而默认参数的设计，则使得某些参数在没有传入值时也能正常工作。这些不同的参数传递方式极大地增强了函数的灵活性和实用性，参数传递方式示意图如图 3.2.7 所示。

图 3.2.7　参数传递方式示意图

【例 3.2.4】 编写一个计算学生成绩的程序，演示不同的参数传递方式。示例程序如下：

```
01   def calculate_score(name, chinese, math, english=75, bonus=0):
02       """计算学生总分和平均分
03
04       Args:
05           name (str): 学生姓名
06           chinese (float): 语文成绩
07           math (float): 数学成绩
08           english (float): 英语成绩，默认 75 分
09           bonus (float): 附加分，默认 0 分
10
11       Returns:
12           tuple: (总分,平均分)
13       """
14       total = chinese + math + english + bonus
15       average = total / 3
16       print(f"学生{name}的成绩情况：")
17       print(f"语文：{chinese}分")
18       print(f"数学：{math}分")
19       print(f"英语：{english}分")
20       print(f"附加分：{bonus}分")
21       return total, average
22
23   #位置参数方式调用
24   total1, avg1 = calculate_score("张三", 85, 92)
25   print(f"总分：{total1:.1f}，平均分：{avg1:.1f}")
26
27   #关键字参数方式调用
28   total2, avg2 = calculate_score(chinese=88, name="李四", math=95)
29   print(f"总分：{total2:.1f}，平均分：{avg2:.1f}")
30
31   #混合方式调用
32   total3, avg3 = calculate_score("王五", 90, math=85, bonus=2)
33   print(f"总分：{total3:.1f}，平均分：{avg3:.1f}")
```

说明：

- 01 行：定义了 calculate_score()函数，包含五个参数，其中 english 和 bonus 设置了默认值。
- 02～13 行：函数的注释文档字符串，详细说明了各参数的类型和返回值。
- 14～21 行：函数体，计算成绩并打印详细信息。
- 23～25 行：展示了位置参数方式的函数调用。
- 27～29 行：展示了关键字参数方式的函数调用。
- 31～33 行：展示了混合参数方式的函数调用。

程序演示了 Python 函数参数传递的多种方式。

程序运行结果如图 3.2.8 所示。

```
学生张三的成绩情况：
语文：85分
数学：92分
英语：75分
附加分：0分
总分:252.0，平均分:84.0
学生李四的成绩情况：
语文：88分
数学：95分
英语：75分
附加分：0分
总分:258.0，平均分:86.0
学生王五的成绩情况：
语文：90分
数学：85分
英语：75分
附加分：2分
总分:252.0，平均分:84.0
```

图 3.2.8　程序运行结果

从上面的示例程序可以看出，Python 函数的参数传递有以下特点：

（1）位置参数必须按照定义的顺序传入值。

（2）关键字参数可以不按照定义的顺序。

（3）带默认值的参数在调用时可以省略。

（4）混合使用时，位置参数必须在关键字参数之前。

4. 函数的返回值

在 Python 中，函数不仅可以接收参数，还可以向调用者返回一个或多个值。函数的返回值是函数执行完成后返回给调用者的结果。通过 return 语句可以指定函数的返回值，如果函数没有 return 语句，则默认返回 None。

函数的返回值使得函数可以向外部传递计算结果，这样调用者就能够得到函数执行的结果并进行后续处理。返回值的灵活使用可以让函数的功能更加完整和实用。

【例 3.2.5】编写一个程序，计算多个数字的最大值、最小值和平均值。示例程序如下：

```
01    def calculate_statistics(numbers):
02        """计算一组数据的统计值
03
04        Args:
05            numbers (list): 要计算的数字列表
06
07        Returns:
08            tuple: (最大值,最小值,平均值)
09        """
10        if not numbers:
```

```
11          return None, "列表为空，无法计算"
12          return f"最大值：{max(numbers)}" , f"最小值：{min(numbers)}", f"平均值：{sum(numbers)}"
13
14   data = [85, 96, 72, 89, 92]
15   print(f"数据{data}的统计结果：", calculate_statistics(data))
```

说明：

- 01 行：定义了 calculate_statistics 函数，接收一个数字列表参数。
- 02～09 行：是函数的文档字符串，说明了参数和返回值。
- 10～12 行：实现了函数的核心逻辑，包含空列表判断和统计计算。
- 14、15 行：展示了函数的调用示例。

程序展示了 Python 函数返回多个值的特点。

程序运行结果如图 3.2.9 所示。

```
数据[85, 96, 72, 89, 92]的统计结果：('最大值：96', '最小值：72', '平均值：434')
```

图 3.2.9　程序运行结果

5. 函数递归

在函数的定义中，如果一个函数在其函数体内调用了自身，这种调用方式称为函数递归。递归函数包含了一种隐式的循环，每次调用都会产生一个新的函数环境，包括局部变量、参数值等，这些函数环境构成了一个栈结构。递归函数必须具有结束条件（也称为递归出口），否则会无限递归下去，最终导致栈溢出。

【例 3.2.6】编写一个计算阶乘的程序来理解递归的工作原理。

```
01   def factorial(n):
02       """计算 n 的阶乘
03
04       Args:
05           n (int): 要计算阶乘的数
06
07       Returns:
08           int: n 的阶乘值
09       """
10       if n == 0 or n == 1:
11           return 1
12       return n * factorial(n - 1)
13
14   #测试递归函数
15   print(f"5 的阶乘是：{factorial(5)}")
```

说明：

- 01～12 行：定义了阶乘计算函数。
- 10、11 行：定义了函数递归的结束条件。
- 12 行：实现函数递归调用。

- 14、15 行：展示了函数调用示例。

程序展示了函数递归的基本结构。

程序运行结果如图 3.2.10 所示，阶乘递归调用过程如图 3.2.11 所示。

```
5的阶乘是: 120
```

图 3.2.10　程序运行结果

图 3.2.11　阶乘递归调用过程

6. 匿名函数

有时候需要一个函数完成一些简单的功能，而这个函数可能只使用一次。这种情况下，可以使用 lambda 表达式来创建一个匿名函数，这个函数也称为 lambda 函数。lambda 函数是一种简单的、单表达式的函数，它的语法比 def 语句更加简洁。lambda 函数的基本语法如下：

```
lambda 参数列表: 表达式
```

【例 3.2.7】编写示例程序，使用 lambda 函数对学生信息列表进行排序。

```
01  #创建学生信息列表
02  students = [
03      {"name": "张三", "age": 20, "score": 85},
04      {"name": "李四", "age": 19, "score": 92},
05      {"name": "王五", "age": 21, "score": 78}
06  ]
07
08  #使用 lambda 函数按不同条件排序
09  age_sorted = sorted(students, key=lambda x: x["age"])
10  score_sorted = sorted(students, key=lambda x: x["score"], reverse=True)
11
12  print("按年龄升序: ", age_sorted)
13  print("\n 按成绩降序: ", score_sorted)
```

说明：

- 01～06 行：创建了学生信息的字典列表。
- 09 行：使用 lambda 函数按年龄升序排序学生信息。
- 10 行：使用 lambda 函数按成绩降序排序学生信息。
- 12、13 行：打印排序结果。

程序展示了 lambda 函数在排序中的应用。

程序运行结果如图 3.2.12 所示。

```
按年龄升序: [{'name': '李四', 'age': 19, 'score': 92}, {'name': '张三', 'age': 20, 'score': 85}, {'name': '王五', 'age': 21, 'score': 78}]

按成绩降序: [{'name': '李四', 'age': 19, 'score': 92}, {'name': '张三', 'age': 20, 'score': 85}, {'name': '王五', 'age': 21, 'score': 78}]
```

图 3.2.12　程序运行结果

lambda 函数虽然简洁，但也有其局限性，例如：

（1）只能包含一个表达式。

（2）表达式的结果就是返回值。

（3）不能包含复杂的逻辑。

（4）不能使用多行语句。

3.2.2　模块

在实际的 Python 程序开发中，随着代码量的增加和功能的日益复杂，将所有代码集中在单个文件中会造成维护困难，代码结构混乱等问题。为了更好地组织和管理代码，Python 引入了模块化编程的概念。模块是 Python 中一个重要的程序组织单元，它不仅能够提供代码复用的机制，还可以提供独立的命名空间，帮助避免名称冲突。从物理层面来说，一个模块就是一个扩展名为.py 的 Python 源代码文件，模块结构如图 3.2.13 所示。

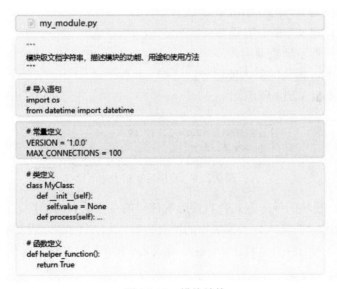

图 3.2.13　模块结构

1. 导入模块

在 Python 程序开发中，要使用一个模块，首先需要通过特定的语法将其导入当前程序。Python 提供了多种灵活的模块导入方式，以适应不同的使用场景。最基本的导入方式是使用 import 关键字，它会导入整个模块的内容。当模块被导入时，Python 解释器会首先在当前目录中查找该模块文件，如果没有找到，则会继续在 Python 的搜索路径中查找。这个搜索路径包括 Python 安装目录下的 lib 目录以及第三方包的安装目录等。

当一个模块被导入时，其中的所有代码都会被执行一遍。这个特性可以在模块中预先定义好需要的变量、函数和类。需要注意的是，无论一个模块被导入多少次，它都只会被执行一次，这是 Python 解释器的一种优化机制。

【例 3.2.8】编写程序，演示模块的基本导入和使用方法。示例程序如下：

```
01    import datetime
02
03    def get_current_time_info():
04        """获取并显示当前的日期时间信息"""
05        current_time = datetime.datetime.now()
06        print(f"当前日期时间：{current_time.strftime('%Y-%m-%d %H:%M:%S')}")
07
08    def calculate_age(birth_year):
09        """计算给定出生年份人的当前年龄"""
10        return datetime.datetime.now().year - birth_year
11
12    #测试代码
13    get_current_time_info()
14    print(f"您的年龄是：{calculate_age(2000)}岁")
```

说明：

- 01 行：导入 datetime 模块。
- 03～06 行：定义时间显示函数。
- 08～10 行：定义年龄计算函数。
- 12～14 行：展示函数调用。

程序展示了 Python 模块的基本使用方法。

程序运行结果如图 3.2.14 所示。

```
当前日期时间：2024-11-12 19:34:48
您的年龄是：24岁
```

图 3.2.14　程序运行结果

在实际编程中，模块的导入方式会直接影响代码的可读性和维护性。虽然 Python 允许使用 from module import *的方式导入模块中的所有内容，但并不推荐这种做法，因为它会将模块中的所有名称都引入当前的命名空间，容易造成名称冲突，同时也使得代码的依赖关系变得不够明确。

●练一练　创建一个简单的模块文件，在其中定义一个打印商品信息的函数，然后在主程序中导入并使用该函数。

2. 内置模块

Python 语言自带了许多功能强大的标准库模块，这些模块都是 Python 安装时默认携带的。标准库模块涵盖了从基础的系统操作到高级的数据处理等多个方面，能够满足大多数常见的编程需求。使用这些内置模块，可以避免重复开发基础功能，从而将精力集中在业务逻辑的实现。

【例 3.2.9】编写示例程序演示几个常用内置模块的使用方法。示例程序如下：

```
01   import os
02   import random
03   import time
04
05   def file_operation_demo():
06       """文件和目录操作演示"""
07       filename = "test.txt"
08       #写入随机数
09       with open(filename, 'w') as f:
10           f.write(str(random.randint(1, 100)))
11       #显示文件信息
12       print(f"文件大小：{os.stat(filename).st_size}字节")
13       print(f"修改时间：{time.ctime()}")
14
15   file_operation_demo()
```

说明：

- 01～03 行：导入所需的内置模块。
- 05～13 行：定义文件和目录操作演示函数。
- 09、10 行：演示文件写入操作。
- 12、13 行：显示文件信息。

程序展示了 Python 内置模块的基本用法。

程序运行结果如图 3.2.15 所示。

```
文件大小：2字节
修改时间：Tue Nov 12 19:36:51 2024
```

图 3.2.15　程序运行结果

3. 第三方模块

除了 Python 内置的标准库模块，还有大量由 Python 社区开发者创建的第三方模块。这些模块通常提供了更专业或更特定领域的功能。Python 使用 pip 工具进行第三方模块的安装和管理。在使用第三方模块之前，需要先通过 pip install 命令将其安装到 Python 环境中。

【例 3.2.10】编写示例程序，使用第三方模块 numpy 进行数值计算。示例程序如下：

```
01   import numpy as np
02
03   def matrix_operations():
04       """矩阵运算示例"""
05       matrix1 = np.array([[1, 2], [3, 4]])
06       matrix2 = np.array([[5, 6], [7, 8]])
07       #矩阵乘法和特征值计算
08       result = np.dot(matrix1, matrix2)
09       eigenvalues = np.linalg.eigvals(result)
10       print("矩阵乘法结果：\n", result)
11       print("特征值：", eigenvalues)
```

12	
13	#执行矩阵运算示例
14	matrix_operations()

说明：

- 01 行：导入 numpy 模块并指定别名。
- 03～11 行：定义矩阵运算函数。
- 05、06 行：创建两个测试矩阵。
- 08、09 行：执行矩阵运算。

程序展示了 numpy 模块的基本应用。

程序运行结果如图 3.2.16 所示。

```
矩阵乘法结果：
[[19 22]
 [43 50]]
特征值：[5.80198014e-02 6.89419802e+01]
```

图 3.2.16   程序运行结果

4. 自定义模块

在实际项目开发中，除了使用 Python 提供的内置模块和第三方模块，还经常需要创建自定义模块来组织代码。自定义模块可以将相关的函数、类和变量组织在一起，便于代码的管理和复用。创建自定义模块非常简单，只需要将代码保存为.py 文件即可。

【例 3.2.11】 创建一个数学计算相关的程序，并使用自定义模块 math_utils.py。模块示例程序如下：

```
01  """
02  数学计算工具模块
03  提供基础的数学计算功能
04  """
05
06  def factorial(n):
07      """计算正整数的阶乘"""
08      if n < 0:
09          raise ValueError("阶乘不能为负数")
10      if n == 0:
11          return 1
12      return n * factorial(n - 1)
13
14  def fibonacci(n):
15      """生成斐波那契数列的前 n 项"""
16      if n <= 0:
17          return []
18      if n == 1:
19          return [0]
20      sequence = [0, 1]
21      for _ in range(2, n):
```

```
22          sequence.append(sequence[-1] + sequence[-2])
23       return sequence
24
25   #模块级别的常量
26   PI = 3.14159
27   E = 2.71828
```

在主程序中使用自定义模块：

```
01   import math_utils
02
03   def test_math_utils():
04       """测试 math_utils 模块的功能"""
05       #测试阶乘函数
06       try:
07           number = 5
08           result = math_utils.factorial(number)
09           print(f"{number}的阶乘是：{result}")
10       except ValueError as e:
11           print(f"错误：{e}")
12
13       #测试斐波那契数列
14       count = 8
15       fib_sequence = math_utils.fibonacci(count)
16       print(f"斐波那契数列前{count}项：{fib_sequence}")
17
18       #使用模块常量
19       circle_radius = 2
20       circle_area = math_utils.PI * circle_radius ** 2
21       print(f"半径为{circle_radius}的圆面积：{circle_area:.2f}")
22
23   if __name__ == "__main__":
24       test_math_utils()
```

模块程序说明：

- 01～04 行：为模块的注释文档字符串。
- 06～12 行：定义 factorial()阶乘函数。
- 14～23 行：定义 fibonacci()斐波那契数列函数。
- 25～27 行：定义模块常量。

自定义模块程序展示了模块的导入和使用方法,以及 Python 自定义模块的创建和使用过程。程序运行结果如图 3.2.17 所示。

```
5的阶乘是：120
斐波那契数列前8项：[0, 1, 1, 2, 3, 5, 8, 13]
半径为2的圆面积：12.57
```

图 3.2.17　程序运行结果

通过示例程序可以看出，自定义模块不仅可以包含函数定义，还可以包含常量、类等其他 Python 代码元素。合理组织这些代码，可以使程序结构更加清晰，便于维护和扩展。在开发较大型的 Python 程序时，合理使用自定义模块是一种非常重要的代码组织方式。

3.2.3 异常处理

程序在运行过程中往往会遇到各种异常情况。异常是程序运行时出现的错误，它能够改变程序的正常流程。常见的异常包括除数为零、数组下标越界、文件找不到等。若不适当处理这些异常，程序便会终止执行，这往往不是预期的结果。为了增强程序的健壮性和容错性，Python 提供了异常处理机制。异常类层次结构如图 3.2.18 所示。

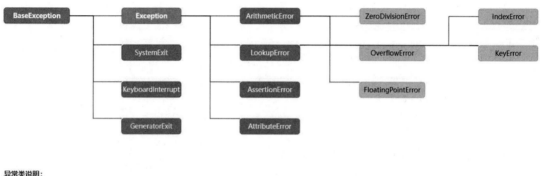

异常类说明：

- BaseException：所有内置异常的基类，是异常层次结构的根
- Exception：最常见的异常基类，用户自定义异常应继承自此类
- ArithmeticError：所有数值计算错误的基类
- LookupError：所有查找操作失败的异常基类

- SystemExit：解释器请求退出的异常
- KeyboardInterrupt：用户中断执行(通常是Ctrl+C)产生的异常
- GeneratorExit：生成器退出时引发的异常

图 3.2.18　Python 异常类层次结构图

1. 异常处理语句

当一个错误发生时，Python 会创建一个异常对象。异常对象中包含了有关错误性质的信息。Python 提供了完善的异常处理机制，可以用 try 语句来捕获并处理异常，其一般形式为：

```
try:
    可能产生异常的代码块
except [异常类型 1]:
    针对异常类型 1 的处理代码块
except [异常类型 2]:
    针对异常类型 2 的处理代码块
else:
    没有异常发生时执行的代码块
finally:
    无论是否发生异常都会执行的代码块
```

在异常处理过程中，首先执行 try 子句，如果没有异常发生，则跳过 except 子句，执行 else 子句中的代码；如果 try 子句在执行过程中发生了异常，则跳出 try 子句的剩余部分，执行相应的 except 子句中的代码。finally 子句无论是否发生异常都要执行，通常用于释放资源或进行清理工作。异常处理基本流程如图 3.2.19 所示。

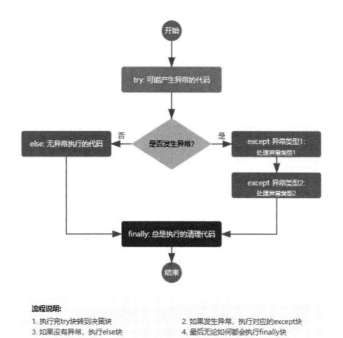

图 3.2.19　异常处理基本流程图

【**例 3.2.12**】创建一个简单的文件操作异常处理程序，完成以下需求：

（1）输入文件名并打开文件。

（2）读取文件内容并转换。

（3）执行除法运算。

（4）异常捕获与处理。

示例程序如下：

```
01  def file_operation():
02      #初始化文件操作：尝试打开并处理文件内容
03      try:
04          filename = input("请输入要打开的文件名：")
05          with open(filename, 'r', encoding='utf-8') as file:
06              content = file.read()
07              number = int(content)
08              result = 100 / number
09              print(f"100 除以文件内容的结果是：{result}")
10      except FileNotFoundError:
11          print(f"错误：文件'{filename}'不存在")
12      except ValueError:
13          print("错误：文件内容不能转换为整数")
14      except ZeroDivisionError:
15          print("错误：文件内容不能为 0")
16  file_operation()
```

说明：

● 02～09 行：try 块，执行核心的文件操作和数据处理。

- 10、11 行：处理文件不存在的异常情况。
- 12、13 行：处理文件内容转换失败的异常。
- 14、15 行：处理文件内容为零的异常。

程序展示了基本的异常处理机制和文件操作流程。

程序运行结果如图 3.2.20 所示。

请输入要打开的文件名：*test.tx*
错误：文件'test.tx'不存在

图 3.2.20　程序运行结果

练一练　编写一个程序，尝试将输入的字符串转换为商品价格（浮点数），使用 try-except 语句处理可能的转换异常。

2. 自定义异常

在 Python 的异常处理机制中，除了内置的异常类型，还允许开发者根据需要自定义异常类型。这种机制的存在使得程序能够更好地处理特定的业务场景。例如，在开发银行系统时，可能需要定义余额不足异常、账户冻结异常等具体的异常类型；在开发网络应用时，可能需要定义连接超时异常、认证失败异常等具体的异常类型。

自定义异常必须继承自 Exception 类或其子类，自定义异常继承体系如图 3.2.21 所示。这种继承关系确保了自定义异常具备异常类型应有的所有特性，如可以被 try-except 语句捕获、可以携带错误信息等。在设计自定义异常时，异常类的名称通常以 Error 结尾，以便与普通类区分，且命名应能清楚地表达错误的类型。在实际应用中，往往需要在异常类中添加额外的属性来携带更多的错误信息，并合理设计异常的继承层次结构，以便进行分类处理。

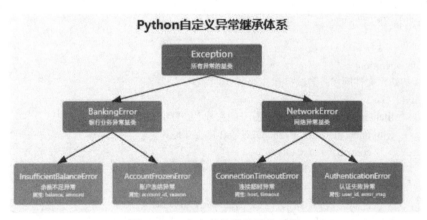

图 3.2.21　自定义异常继承体系图

在大型应用程序中，自定义异常通常用于需要在错误发生时提供更多上下文信息的场景，或是需要对错误进行分类以实现不同级别的错误处理的情况。同时，自定义异常也常用于在不同的模块之间统一错误处理机制，以及将底层的技术异常转换为更贴近业务含义的异常。这种机制使得程序的错误处理更加灵活和便于维护。

【例 3.2.13】创建一个简单的银行账户管理程序，完成以下需求：

（1）创建自定义异常类。

（2）实现存取款操作。

（3）处理异常情况。

（4）显示操作结果。

示例程序如下：

```
01   class BalanceError(Exception):
02       #初始化自定义余额异常类
03       def init(self, message, amount, balance):
04           super().init(message)
05           self.amount = amount
06           self.balance = balance
07
08   def process_account():
09       balance = 100   #初始余额 100 元
10       try:
11           amount = float(input("请输入取款金额："))
12           if amount <= 0:
13               raise BalanceError("取款金额必须大于 0", amount, balance)
14           if amount > balance:
15               raise BalanceError("余额不足", amount, balance)
```

说明：

- 01～06 行：初始化自定义异常类，包含金额和余额信息。
- 08、09 行：初始化账户操作和余额。
- 10～13 行：处理取款金额的有效性检查。
- 14、15 行：处理余额不足的情况。

程序展示了自定义异常的创建和使用方法。

程序运行结果如图 3.2.22 所示。

```
File "D:\code\learn\pythonCase\com\case\chap03\3.2.15银行账户管理程序.py", line 14
    raise BalanceError("余额不足", amount, balance)
SyntaxError: expected 'except' or 'finally' block
```

图 3.2.22　程序运行结果

3. 异常的传播

在 Python 程序中，异常的传播遵循函数调用栈的顺序，这是一种自底向上的传播过程。当异常发生时，如果当前函数没有处理这个异常，Python 会自动将异常传递给调用当前函数的上一层函数。这个过程会持续进行，直到异常被某个函数捕获并处理，或者到达程序的最顶层导致程序终止。

异常传播机制的设计主要考虑了错误处理的分离与集中、资源的正确释放，以及错误的层次处理等方面，异常传播过程示意图如图 3.2.23 所示。这种机制允许将错误检测代码和错误处理代码分离，使程序结构更清晰。通过在统一的地方处理错误，可以避免错误处理代码的分散。同时，使用 finally 语句可以确保资源在异常发生时也能得到正确释放，不同层次的函数则可以处理不同类型的异常。

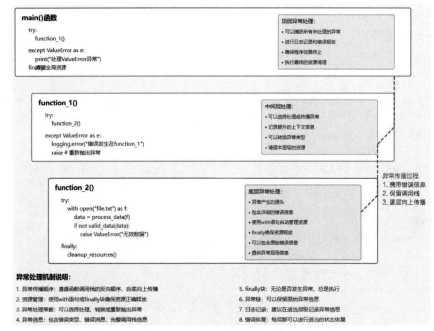

图 3.2.23 异常传播过程示意图

在异常传播过程中，异常对象会携带完整的错误信息和调用栈信息。如果异常在传播过程中没有被处理，Python 会打印完整的调用栈跟踪信息。开发者可以在 except 语句中使用不带参数的 raise 语句原样重新抛出当前异常，也可以抛出新的异常，但此时原始异常信息会丢失。需要特别注意的是，finally 语句块中的代码总是会执行，即使 try 块或 except 块中包含 return 语句。

这种传播机制在实际应用中尤为重要。它允许底层函数专注于功能实现，而将错误处理推迟到上层函数。同时，也便于实现统一的日志记录和错误报告机制，在适当的层次进行异常类型转换，并确保在异常发生时也能正确地进行资源清理和状态恢复。

【例 3.2.14】创建一个网络连接异常处理程序，完成以下需求：
（1）定义网络异常层次结构。
（2）实现服务器连接功能。
（3）处理各类连接异常。
（4）显示错误信息。

示例程序如下：

```
01  class NetworkError(Exception):
02      """网络错误基类"""
03      pass
04
05  class ConnectionError(NetworkError):
06      """连接错误"""
07      def init(self, host, port):
08          self.host = host
09          self.port = port
10
11  class TimeoutError(NetworkError):
```

```
12          """超时错误"""
13          def init(self, seconds):
14              self.seconds = seconds
15
16  def connect_to_server(host, port):
17      """连接到服务器"""
18      if port < 1024:
19          raise ConnectionError(host, port)
20      if port > 65535:
21          raise TimeoutError(10)
22      print(f"成功连接到 {host}:{port}")
23
24  def process_connection():
25      """处理连接过程"""
26      try:
27          host = input("请输入服务器地址：")
28          port = int(input("请输入端口号："))
29          connect_to_server(host, port)
30      except ValueError:
31          print("端口号必须是整数")
32      except ConnectionError as e:
33          print(f"连接错误：{e.host}:{e.port} 是系统保留端口")
34      except TimeoutError as e:
35          print(f"连接超时：等待{e.seconds}秒后无响应")
```

说明：

- 01～03 行：定义网络错误基类。

- 05～09 行：定义连接错误子类。

- 11～14 行：定义超时错误子类。

- 16～22 行：实现服务器连接功能。

- 24～35 行：处理连接过程和异常情况。

程序运行结果如图 3.2.24 所示。

```
请输入服务器地址：192.168.1.100
请输入端口号：90
Traceback (most recent call last):
  File "D:\code\learn\pythonCase\com\case\chap03\3.2.16 网络连接异常处理程序.py", line 25, in process_connection
    connect_to_server(host, port)
  File "D:\code\learn\pythonCase\com\case\chap03\3.2.16 网络连接异常处理程序.py", line 16, in connect_to_server
    raise ConnectionError(host, port)
ConnectionError: ('192.168.1.100', 90)

During handling of the above exception, another exception occurred:

Traceback (most recent call last):
  File "D:\code\learn\pythonCase\com\case\chap03\3.2.16 网络连接异常处理程序.py", line 32, in <module>
    process_connection()
  File "D:\code\learn\pythonCase\com\case\chap03\3.2.16 网络连接异常处理程序.py", line 29, in process_connection
    print(f"连接错误：{e.host}:{e.port} 是系统保留端口")
                      ^^^^^^
AttributeError: 'ConnectionError' object has no attribute 'host'
```

图 3.2.24　程序运行结果

4. assert 语句

Python 提供的 assert 语句是一种调试和测试工具，用于对程序中的假设条件进行检查。当程序运行到 assert 语句时，如果其后的条件表达式为假，则会引发 AssertionError 异常。这种机制可以帮助开发者在开发阶段及时发现程序中的逻辑错误。

assert 语句的基本语法形式为：

```
assert 条件表达式 [, 错误信息]
```

其中，错误信息是可选的，用于在条件不满足时提供更详细的错误说明。assert 语句在本质上等价于：

```
if not 条件表达式:
    raise AssertionError(错误信息)
```

【例 3.2.15】创建一个使用断言验证参数的程序，完成以下需求：

（1）验证参数的有效性。

（2）计算矩形面积。

（3）处理断言异常。

（4）显示计算结果。

示例程序如下：

```
01  def calculate_rectangle_area(length, width):
02      """计算矩形面积，要求长度和宽度必须为正数"""
03      assert length > 0, f"矩形的长度必须大于 0，当前值为{length}"
04      assert width > 0, f"矩形的宽度必须大于 0，当前值为{width}"
05      assert isinstance(length, (int, float)), "长度必须是数值类型"
06      assert isinstance(width, (int, float)), "宽度必须是数值类型"
07
08      area = length * width
09      return area
10
11  def test_rectangle_calculation():
12      """测试矩形面积计算"""
13      try:
14          area1 = calculate_rectangle_area(5, 3)
15          print(f"矩形面积：{area1}")
16          area2 = calculate_rectangle_area(-2, 4)
17          print(f"矩形面积：{area2}")
18      except AssertionError as e:
19          print(f"参数错误：{str(e)}")
```

说明：

- 03～06 行：使用 assert 语句验证参数有效性。

- 08、09 行：计算并返回矩形面积。

- 13～17 行：测试不同参数的情况。

- 18、19 行：捕获并处理断言异常。

程序展示了 assert 语句的基本用法。

程序运行结果如图 3.2.25 所示。

矩形面积：15
参数错误：矩形的长度必须大于0，当前值为-2

图 3.2.25　程序运行结果

5. raise 语句

在 Python 中，raise 语句用于手动抛出异常。通过 raise 语句，开发者可以在特定条件下主动引发异常，从而触发异常处理流程。这种机制使得开发者能够对异常情况进行更精确的控制。raise 语句有以下 3 种使用形式：

（1）抛出一个新的异常实例。

（2）抛出一个异常类（将自动实例化）。

（3）在 except 块中不带参数使用 raise（重新抛出当前异常）。

【例 3.2.16】创建一个年龄验证程序，完成以下需求：

（1）验证年龄类型。

（2）验证年龄范围。

（3）处理验证异常。

（4）显示验证结果。

示例程序如下：

```
01    def validate_age(age):
02        """年龄验证函数"""
03        if not isinstance(age, (int, float)):
04            raise TypeError("年龄必须是数值类型")
05
06        if age < 0:
07            raise ValueError("年龄不能为负数")
08
09        if age > 150:
10            error = ValueError("年龄超出正常范围")
11            raise error
12
13    def process_age_input():
14        """处理年龄输入"""
15        try:
16            age_str = input("请输入年龄：")
17            age = float(age_str)
18            try:
19                validate_age(age)
20                print(f"输入的年龄 {age} 有效")
21            except ValueError as e:
22                print(f"年龄验证失败：{str(e)}")
23                raise
24        except ValueError:
25            print("输入必须是数字")
```

说明：

● 03、04 行：验证年龄数据类型。

- 06～11 行：验证年龄值的范围。
- 15～20 行：处理用户输入数据并进行验证。
- 21～25 行：捕获并处理各类异常。

程序展示了 raise 语句的多种用法。

程序运行结果如图 3.2.26 所示。

```
请输入年龄："1000"
输入必须是数字
```

图 3.2.26 程序运行结果

在这个示例程序中，通过 raise 语句实现了多层的异常处理。内层的 try-except 语句捕获并处理特定的异常，然后通过不带参数的 raise 语句将异常重新抛出，使外层的异常处理代码能够进行进一步处理。这种机制在开发大型应用程序时特别有用，可以在不同的层次实现不同的异常处理策略。

【任务实施】

诚信科技公司在完成商城基础界面后，需要开发一个完整的商品管理模块。开发者将使用 Python 的数据结构和面向对象编程，实现商品信息维护、库存控制和数据统计等功能。实现步骤如下。

步骤 1：定义系统菜单和初始化函数。

在 ProductManagement 类中定义 __init__ 方法完成系统初始化，使用 self.products 字典存储商品信息，self.categories 集合维护商品分类，self.operation_log 通过 defaultdict 记录操作日志。show_menu()方法负责显示系统功能菜单，包括商品添加、更新、删除等核心操作选项的展示。这种面向对象的设计方式让数据和操作更好地组织在一起。示例程序如下：

```python
def show_menu():
    print("\n=== 商品管理系统 ===")
    print("1. 添加新商品")
    print("2. 更新商品信息")
    print("3. 删除商品")
    print("4. 查看商品列表")
    print("5. 库存管理")
    print("6. 生成统计报告")
    print("0. 退出系统")

def init_system():
    #使用字典存储商品信息
    products = {}
    #使用集合存储商品分类
    categories = set()
    #使用 defaultdict 记录操作日志
    operation_log = defaultdict(list)
    return products, categories, operation_log
```

步骤 2：实现商品添加和更新功能。

通过 add_product()方法实现新商品的添加功能，首先验证商品 ID 是否重复，然后获取商品的名称、价格、分类等信息并进行有效性验证。商品信息以嵌套字典的形式存储在 self.products 中，同时更新 self.categories 集合并记录操作日志。update_product()方法则提供价格、分类、名称的更新功能，每次更新操作也会自动记录在日志中，详情参加完整代码。示例程序如下：

```
def add_product(products, categories):
    try:
        product_id = input("请输入商品 ID：")
        if product_id in products:
            raise ValueError("商品 ID 已存在！")

        name = input("请输入商品名称：")
        price = float(input("请输入商品价格："))
        category = input("请输入商品分类：")
        stock = int(input("请输入初始库存："))

        #数据验证
        assert price > 0, "价格必须大于 0"
        assert stock >= 0, "库存不能为负数"

        products[product_id] = {
            "name": name,
            "price": price,
            "category": category,
            "stock": stock,
            "create_time": datetime.datetime.now()
        }
        categories.add(category)
        print("商品添加成功！")
    except (ValueError, AssertionError) as e:
        print(f"错误：{str(e)}")
```

步骤 3：实现商品统计和报告生成功能。

在 generate_report()方法中实现数据统计功能。首先检查 self.products 是否为空，然后统计商品总数和分类总数。使用 defaultdict 生成分类统计信息，展示每个分类下的商品数量。通过列表推导式计算所有商品的库存总价值，最终将统计数据格式化输出形成分析报告。该方法实现了完整的异常处理机制，确保报告生成的可靠性。示例程序如下：

```
def generate_report(products, categories):
    try:
        if not products:
            raise ValueError("暂无商品数据！")

        print("\n=== 商品统计报告 ===")
        print(f"商品总数：{len(products)}")
        print(f"商品分类数：{len(categories)}")
```

```
                    #计算分类统计
                    category_stats = defaultdict(int)
                    for product in products.values():
                        category_stats[product["category"]] += 1

                    print("\n 分类统计: ")
                    for category, count in category_stats.items():
                        print(f"{category}: {count}件商品")

                    #计算库存价值
                    total_value = sum(p["price"] * p["stock"]
                                        for p in products.values())
                    print(f"\n 总库存价值: ¥{total_value:.2f}")
            except ValueError as e:
                print(f"错误: {str(e)}")
```

步骤 4：实现主程序流程控制。

通过 manage_products()方法作为系统运行的主控制流程。在无限循环中显示菜单并获取用户输入,通过条件分支调用相应的功能方法。该方法预留了删除商品、查看商品列表、库存管理等功能的扩展接口。当用户选择退出时结束循环,并通过 if __name__ == "__main__"结构来实例化系统并启动运行。整个流程采用了面向对象的设计理念,提高了代码的可维护性和可扩展性。示例程序如下:

```
def manage_products():
    products, categories, operation_log = init_system()

    while True:
        show_menu()
        choice = input("请选择操作: ")

        if choice == "1":
            add_product(products, categories)
        elif choice == "2":
            update_product(products, categories)
        elif choice == "6":
            generate_report(products, categories)
        elif choice == "0":
            print("谢谢使用, 欢迎下次光临! ")
            break
        else:
            print("无效的选择! ")
```

完整代码如下:

```
01    import datetime
02    from collections import defaultdict
03
04    class ProductManagement:
05        def __init__(self):
```

```
06              #使用字典存储商品信息
07              self.products = {}
08              #使用集合存储商品分类
09              self.categories = set()
10              #使用 defaultdict 记录操作日志
11              self.operation_log = defaultdict(list)
12
13         def show_menu(self):
14              print("\n=== 商品管理系统 ===")
15              print("1. 添加新商品")
16              print("2. 更新商品信息")
17              print("3. 删除商品")
18              print("4. 查看商品列表")
19              print("5. 库存管理")
20              print("6. 生成统计报告")
21              print("0. 退出系统")
22
23         def add_product(self):
24              try:
25                   product_id = input("请输入商品 ID：")
26                   if product_id in self.products:
27                        raise ValueError("商品 ID 已存在！")
28
29                   name = input("请输入商品名称：")
30                   price = float(input("请输入商品价格："))
31                   category = input("请输入商品分类：")
32                   stock = int(input("请输入初始库存："))
33
34                   #数据验证
35                   assert price > 0, "价格必须大于 0"
36                   assert stock >= 0, "库存不能为负数"
37
38                   #添加商品信息
39                   self.products[product_id] = {
40                        "name": name,
41                        "price": price,
42                        "category": category,
43                        "stock": stock,
44                        "create_time": datetime.datetime.now()
45                   }
46                   self.categories.add(category)
47                   self._log_operation("add", product_id)
48                   print("商品添加成功！")
49
50              except (ValueError, AssertionError) as e:
51                   print(f"错误：{str(e)}")
```

```
52              except Exception as e:
53                  print(f"系统错误：{str(e)}")
54
55      def update_product(self):
56          try:
57              product_id = input("请输入要更新的商品 ID：")
58              if product_id not in self.products:
59                  raise ValueError("商品不存在！")
60
61              print("\n1. 更新价格")
62              print("2. 更新分类")
63              print("3. 更新名称")
64              choice = input("请选择要更新的信息：")
65
66              if choice == "1":
67                  new_price = float(input("请输入新价格："))
68                  assert new_price > 0, "价格必须大于 0"
69                  self.products[product_id]["price"] = new_price
70              elif choice == "2":
71                  new_category = input("请输入新分类：")
72                  self.products[product_id]["category"] = new_category
73                  self.categories.add(new_category)
74              elif choice == "3":
75                  new_name = input("请输入新名称：")
76                  self.products[product_id]["name"] = new_name
77              else:
78                  print("无效的选择！")
79                  return
80
81              self._log_operation("update", product_id)
82              print("更新成功！")
83
84          except (ValueError, AssertionError) as e:
85              print(f"错误：{str(e)}")
86
87      def _log_operation(self, operation_type, product_id):
88          """记录操作日志"""
89          self.operation_log[operation_type].append({
90              "product_id": product_id,
91              "timestamp": datetime.datetime.now()
92          })
93
94      def generate_report(self):
95          """生成统计报告"""
96          try:
97              if not self.products:
```

```
98                      raise ValueError("暂无商品数据！")
99
100                 print("\n=== 商品统计报告 ===")
101                 print(f"商品总数：{len(self.products)}")
102                 print(f"商品分类数：{len(self.categories)}")
103
104                 #计算分类统计
105                 category_stats = defaultdict(int)
106                 for product in self.products.values():
107                     category_stats[product["category"]] += 1
108
109                 print("\n 分类统计：")
110                 for category, count in category_stats.items():
111                     print(f"{category}: {count}件商品")
112
113                 #计算库存价值
114                 total_value = sum(p["price"] * p["stock"] for p in self.products.values())
115                 print(f"\n 总库存价值：¥{total_value:.2f}")
116
117         except ValueError as e:
118             print(f"错误：{str(e)}")
119         except Exception as e:
120             print(f"生成报告时出错：{str(e)}")
121
122     def manage_products(self):
123         while True:
124             self.show_menu()
125             choice = input("请选择操作：")
126
127             if choice == "1":
128                 self.add_product()
129             elif choice == "2":
130                 self.update_product()
131             elif choice == "3":
132                 #删除商品实现逻辑
133                 pass
134             elif choice == "4":
135                 #查看商品列表实现逻辑
136                 pass
137             elif choice == "5":
138                 #库存管理实现逻辑
139                 pass
140             elif choice == "6":
141                 self.generate_report()
142             elif choice == "0":
143                 print("谢谢使用，欢迎下次光临！")
```

```
144                 break
145             else:
146                 print("无效的选择！")
147
148 if __name__ == "__main__":
149     product_system = ProductManagement()
150     product_system.manage_products()
```

说明：

- 1、2 行：导入所需模块，使用 defaultdict 简化日志记录。
- 12～15 行：使用字典、集合等数据结构存储商品信息和分类。
- 31～33 行：使用 assert 语句进行数据验证。
- 56～59 行：使用 defaultdict 实现分类统计。

整个程序通过函数模块化设计，提高代码可维护性；通过异常处理确保系统稳定运行。部分运行结果如图 3.2.27 所示。

```
=== 商品管理系统 ===
1. 添加新商品
2. 更新商品信息
3. 删除商品
4. 查看商品列表
5. 库存管理
6. 生成统计报告
0. 退出系统
请选择操作：1
请输入商品ID：1
请输入商品名称：薯片
请输入商品价格：100
请输入商品分类：零食
请输入初始库存：100
商品添加成功！
```

图 3.2.27　部分运行结果

【任务小结】

本任务通过实践探索，形成了对函数、模块和异常处理的深入认识。这三个核心概念构成了 Python 程序设计的重要基石，它们共同决定了程序的结构性、可复用性和稳定性。在所有的编程范式中，函数式编程使得代码更加模块化且易于维护，模块化设计促进了代码的组织和复用，而异常处理则确保了程序的健壮性和可靠性。

Python 提供了丰富的函数定义和调用机制，包括位置参数、关键字参数、默认参数等多种参数传递方式。通过商城管理系统界面的实现，深入体现了函数设计的灵活性和实用性。例如，add_product()函数通过参数传递实现商品信息的添加，generate_report()函数则通过返回值提供统计数据。此外，理解变量作用域有助于更好地管理数据的可见性和生命周期，lambda 表达式则为简单的函数计算提供了简洁的解决方案。

模块化设计为代码组织提供了清晰的层次结构。通过导入内置模块、第三方模块和创建自定义模块，可以更好地组织和管理代码。在商城系统中，通过将相关功能组织到不同的模块中，如商品管理模块、库存控制模块等，显著提高了代码的可维护性和可扩展性。模块的使用不仅避免了命名冲突，还促进了团队协作开发。

异常处理机制为程序提供了强大的错误处理能力。通过 try-except 语句，程序可以优雅地处理运行时可能出现的各种异常情况。在商城系统中，异常处理被广泛应用于输入验证、文件操作、数据转换等场景。raise 语句允许在特定条件下主动抛出异常，assert 语句则用于调试和验证关键假设，这些机制共同确保了程序的可靠性。

在实际开发中，函数、模块和异常处理往往需要协同工作。商城系统的实现展示了如何将这些概念有机地结合起来：使用函数封装具体的业务逻辑，通过模块组织相关的功能代码，并在整个过程中运用异常处理确保程序的稳定运行。这种综合运用不仅提高了代码的质量，也为后续的程序功能扩展提供了良好的基础。

商城系统的具体实践深化了对这些核心概念的理解和应用。通过实际编码，展现了如何运用函数实现代码复用，如何通过模块化设计提高代码的可维护性，以及如何使用异常处理机制提升程序的健壮性。这些知识的掌握和运用，不仅是 Python 编程的基础，更是构建大型应用程序的必备技能。

【课堂练习】

1．编写一个函数，接收一个列表作为参数，返回列表中所有数字的平均值，要求使用异常处理机制处理可能出现的错误。

2．创建一个自定义模块 math_tools.py，实现基础的数学运算（加减乘除、平方、开方等），并在主程序中导入使用。

3．编写一个函数，模拟银行账户操作，包含存款和取款功能，使用异常处理机制确保取款金额不超过余额。

【课后习题】

一、填空题

1．函数定义时，形参列表要放在_____内。

2．在函数中访问全局变量时，需要使用_____关键字声明。

3．try 语句块后必须至少有一个_____语句块。

4．导入模块时，可以使用_____给模块指定别名。

5．使用 lambda 表达式创建函数时，函数体只能包含一个_____。

二、简答题

1．请说明函数参数传递的几种方式，并解释它们的区别和适用场景。

2．解释变量作用域的概念，说明局部变量和全局变量的区别及使用注意事项。

3．比较 Python 异常处理中 try-except 语句和 try-finally 语句的区别，并说明它们的使用场景。

4．解释 Python 模块导入的不同方式，分析它们各自的优缺点。

三、程序设计题

1．编写一个计算器函数，要求实现两个数的加减乘除运算，函数需要包含参数默认值设置、异常处理机制，并返回最终的运算结果。

2．设计一个文件处理模块，需要实现文件的基本读写操作功能，同时包含文件内容的字符数和行数统计功能，要求加入异常处理机制和日志记录功能，确保操作安全可靠。

3．开发一个完整的学生成绩管理系统程序，系统需要包含成绩录入、查询和统计等核心功能，要求采用函数模块化设计方法，实现合适的异常处理机制，具备数据持久化存储能力，并能够生成标准格式的成绩报告。

四、调试改错

以下代码存在错误，请找出并修正。

```
def calculate_average(numbers):
    total = 0
    for num in numbers:
        total += num
    return total / len(numbers)


try:
    result = calculate_average([1, 2, '3', 4, 5])
    print(f"平均值：{result}")
except:
    print("计算出错")
```

五、综合项目

请设计并实现一个商品库存管理系统程序。该系统需要具备完整的商品管理功能，包括商品的添加、库存修改、商品查询和报表生成等基本操作。系统设计要求采用模块化结构，建立独立的功能模块，实现全面的异常处理机制。系统需要支持数据的持久化存储，提供基础的数据统计能力，记录完整的操作日志。此外，系统要支持灵活的商品查询方式，并能够导出各类数据报表。评分重点将考查系统的功能完整性、代码的模块化程度、异常处理机制的合理性，以及整体程序的运行稳定性。

模块 4　数据库管理

模块介绍

在信息化系统的开发和应用中，数据库系统是实现应用系统数据存储和管理的核心组件，因此掌握数据库系统的管理和应用是开启高效信息化应用之门的关键。MySQL 数据库管理系统是目前业界广泛应用的开源关系型数据库管理系统，它以其强大的功能、高度的稳定性和出色的兼容性，成为众多开发者的首选。通过本模块的学习，读者可以掌握数据库的安装与管理方式、数据表的创建与管理方式，数据的基本操作等内容。

知识图谱

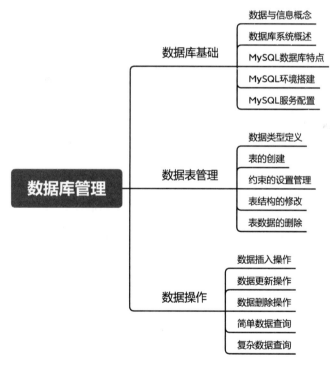

模块目标

知识目标
- 掌握 MySQL 数据库系统的安装与配置方式。

- 掌握数据库的创建与管理的 SQL 语句。
- 掌握数据表和约束的创建与管理的 SQL 语句。
- 掌握数据管理操作的 SQL 语句。

能力目标

- 能安装与配置 MySQL 数据库系统。
- 能编写数据库的创建与管理的 SQL 语句。
- 能编写数据表和约束的创建与管理的 SQL 语句。
- 能编写数据管理操作的 SQL 语句。

素质目标

- 具有代码规范意识和良好的编程习惯。
- 具有良好的职业道德和职业素养。
- 具有较强的实践能力。
- 具有较强的信息素养。

任务 4.1　数据库基础

【任务目标】

诚信科技公司为方便用户，经研究决定设计开发一款网上商城平台软件，提供在线购物服务。本任务将以网上商城项目为载体来展开对数据库管理技术的介绍。下面首先对数据库设计进行介绍，以便后面的学习。

网上商城平台软件需要对客户购物活动进行管理，数据库（eshopping）主要由客户信息表（customers）、产品表（products）、订单表（orders）、订单明细表（order_items）4 张表构成，其物理模型如图 4.1.1 所示。

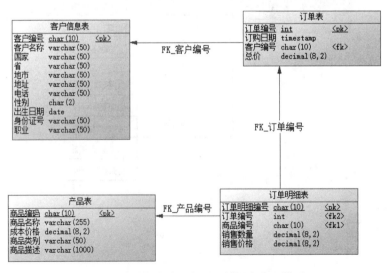

图 4.1.1　网上商城平台项目数据库物理模型

各数据表的详细信息见表 4.1.1～表 4.1.4。

表 4.1.1 客户信息表（customers）

序号	字段名	字段类型	是否为空	描述	备注
1	cust_id	char(10)	否	客户编号	主键
2	cust_name	varchar(50)	否	客户名称	—
3	cust_country	varchar(50)	否	国家	—
4	cust_state	varchar(50)	否	省	—
5	cust_city	varchar(50)	否	地市	—
6	cust_address	varchar(50)	否	地址	—
7	cust_tel	varchar(50)	否	电话	—
8	cust_sex	char(2)	否	性别	默认值为男
9	cust_date	date	否	出生日期	—
10	cust_idcard	varchar(18)	否	身份证号	—
11	cust_prof	varchar(50)	否	职业	—

表 4.1.2 产品表（products）

序号	字段名	字段类型	是否为空	描述	备注
1	prod_id	char(10)	否	商品编码	主键
2	prod_name	varchar(255)	否	商品名称	—
3	prod_price	decimal(8,2)	否	成本价格	—
4	prod_category	varchar(50)	否	商品类别	—
5	prod_desc	varchar(1000)	是	商品描述	—

表 4.1.3 订单表（orders）

序号	字段名	字段类型	是否为空	描述	备注
1	order_id	int	否	订单编号	主键，自动增长
2	order_date	timestamp	否	订购日期	默认为当前日期
3	cust_id	char(10)	否	客户编号	外键，引用客户信息表 cust_id
4	total_price	decimal(8,2)	否	总价	—

表 4.1.4 订单明细表（order_items）

序号	字段名	字段类型	是否为空	描述	备注
1	item_id	int	否	订单明细编号	主键，自动增长
2	order_id	int	否	订单编号	外键，引用订单表 order_id
3	prod_id	char(10)	否	商品编号	外键，引用产品表 prod_id
4	item_quantity	decimal(8,2)	否	销售数量	—
5	item_price	decimal(8,2)	否	销售价格	—

通过本任务的学习，实现以下任务目标。

（1）完成 MySQL 数据库管理系统的安装与配置。

（2）创建网上商城平台的数据库 eshopping。

【思政小课堂】

尊重知识产权，善用开源力量。MySQL 数据库管理系统目前有多个主要版本，常用的有 MySQL Community Edition（社区版）和 MySQL Enterprise Edition（企业版）。社区版是开源免费的，适合个人和小型企业使用，但不提供官方技术支持；企业版需要付费，提供更多的功能和完备的技术支持，适合大型企业和需要高级功能的企业使用。

读者在学习和工作中应树立知识产权意识，在选择软件版本的过程中尊重知识产权，善用开源力量，合理利用软件资源。

【知识准备】

4.1.1 理解数据库服务器

1. 数据与信息

数据（Data）是现代计算机系统所加工处理的对象，除各种数（整数、实数等）外，还有文字、图像、声音等。对计算机而言，这些对象一般都有其外部形式和机内编码两种表示方式。所以，可将数据理解为能输入至计算机，并能为其处理的一切由数字、字母及其他符号组成的有意义的序列，或者说数据是描述事物的符号记录，例如：文字、图形、图像、声音、学生的档案记录等。数据的形式本身并不能完全表达其内容，需要经过语义对数据进行解释。数据与其语义是不可分的。

信息（Information）是关于现实世界事物的特征及事物间关系的抽象描述，是现实世界在人们头脑中的反映，任何信息都是与客观事实相联系的。

数据是信息的符号表示或载体；信息则是数据的内涵，是对数据语义的解释。数据表示了信息，而信息只有通过数据才能被计算机理解和接收。

例如，学生档案中的学生记录"（江涛,男,2006,江苏,计算机系,2024）"是一个数据，其语义是江涛是个大学生，2006 年出生，江苏人，2024 年考入计算机系。

2. 数据库

数据库（Database，DB）是可长期保存在计算机内、有组织的、可共享的大量数据集合。由数据库的定义可知，数据库中存储的数据具备两个显著特征：相关性和综合性。

相关性是指数据库中存储的数据不是杂乱无章、不相干数据的堆砌，而是相互关联的，即数据库中存储的数据表示了客观世界某些方面的特征，这些特征反映了具体应用的需求。因此，数据库不仅要能够表示数据本身，还要能够表示数据与数据之间的联系。例如：在某大学关于教学管理的数据库中，学生、教师和课程的数据是相关的。学生选择课程，教师讲授课程，是大学中常见的教学活动，因此，这些数据应该包含在该数据库中。而游泳池开放时间、班车时刻表、住宿安排，或者其他一些杂乱的互不相关的数据则不应该构成一个数据库，也不应该包含在上面的数据库中。

综合性是指针对多个应用的相关数据，可以经过整理综合，使数据结构化。这些结构化的数据以统一的形式包含于同一数据库中，各应用程序则以统一的方式访问和操纵数据库中的数据，以满足各自的需求，综合的主要目的是支持多个应用间的数据共享。在数据库技术出现之前，数据文件都是独立的，任何数据文件都必须含有满足某一应用的全部数据。而数据库技术产生之后，同一数据库中包含不同应用中相互关联的数据成为可能，从而实现了数据共享。

3．数据库管理系统

数据库管理系统（Database Management System，DBMS）是位于用户应用与操作系统之间的一层数据管理软件。通过 DBMS，终端用户可以对数据库进行定义、创建、维护和访问，DBMS 的基本目标在于提供一个可以方便、有效地存取和管理数据库中数据的环境。

DBMS 的发展历经层次模型、网络模型、关系模型等多个时期，目前基于关系模型的 DBMS 已经被广泛应用，并成为当前主流的 DBMS。目前应用较为广泛的关系 DBMS 产品有国外 Microsoft 公司的 SQLServer，IBM 公司的 DB2，Oracle 公司的 Oracle 以及 MySQL，PostgreSQL 等，国内有达梦、人大金仓、南大通用、万里开源、华为 GaussDB、阿里 OceanBase 等数据库系统产品。

4．MySQL 简介

MySQL 是一个关系型数据库管理系统，最早由瑞典 MySQL AB 公司开发，在 2008 年被 Sun 公司收购，而 Sun 公司又在 2010 年被 Oracle 公司收购。其目前是由 Oracle 公司负责开发和维护的一款多用户、多线程的关系型数据库，也是当前主流的开源数据库管理系统，MySQL 数据库管理系统的主要特性如下：

（1）高速。高速是 MySQL 的显著特性，在 MySQL 中，使用了极快的"B 树"磁盘表和索引压缩；通过使用优化的"单扫描多连接"，能够实现极快的连接；SQL 函数使用高度优化的类库实现，运行速度快。

（2）支持多种平台。MySQL 支持超过 20 种开发平台，包括 Linux、Windows、FreeBSD 等。这使得数据在不同平台之间进行移植变得非常简单。

（3）支持各种开发语言。MySQL 为包括 C/C++、Java、C#、PHP 等各种流行的程序设计语言提供支持，为它们提供了很多 API 函数,。

（4）提供多种存储器引擎。MySQL 中提供了多种数据库存储引擎，各种引擎各有所长，适用于不同的应用场合，用户可以根据需求进行配置，以获得最佳性能。

（5）功能强大。强大的存储引擎使 MySQL 能够有效应用于任何数据库应用系统，高效完成各项任务，能支持达数亿次的搜索。

（6）支持大型数据库。InnoDB 是 MySQL 的默认存储引擎，它将 InnoDB 表保存在一个表空间内，该表空间可由数个文件创建。表空间还可以包括原始磁盘分区，从而使表容量达到 64TB。

（7）安全。拥有灵活和安全的权限和密码系统，允许基于主机的验证。

（8）开源。MySQL 提供开源社区版本，采用通用性公开许可证（General Public License，

GPL）许可，用户可以免费使用。

5. MySQL 版本

MySQL 官网提供了多个不同的下载版本，主要有：

（1）MySQL Enterprise Edition。MySQL 企业版，付费使用，提供最全面的高级功能、管理工具和技术支持，实现了 MySQL 最高级别的可扩展性、安全性和可靠性。

（2）MySQL NDB Cluster。MySQL 集群版，付费使用，实现了线性可扩展性和高可用性的分布式数据库，提供跨分区和分布式数据集的事务一致性的内存实时访问功能。

（3）MySQL Community Edition。MySQL 社区版，免费使用，源代码开放，但不提供官方技术支持，包括 MySQL Community Server（MySQL 社区服务器，最流行的开源数据库）、MySQL Cluster（实时、开源事务型数据库）、MySQL Router（MySQL 路由器，在应用程序与MySQL 服务器之间提供路由服务）、MySQL Shell（MySQL 的交互式命令行工具，支持使用JavaScript 和 Python 进行交互式开发和管理）、MySQL WorkBench（MySQL 可视化建模工具）、MySQL Connectors（MySQL 连接工具）等。

根据用户操作系统的不同，MySQL 提供了适配用户操作系统的 Windows 版、Linux 版、MacOS 版等不同版本，用户需要根据自己所使用的操作系统，选择对应版本进行下载。

4.1.2　安装与配置 MySQL 服务器

1. 下载 MySQL

MySQL 安装包可以从 MySQL 官网的下载界面上免费下载，如图 4.1.2 所示。

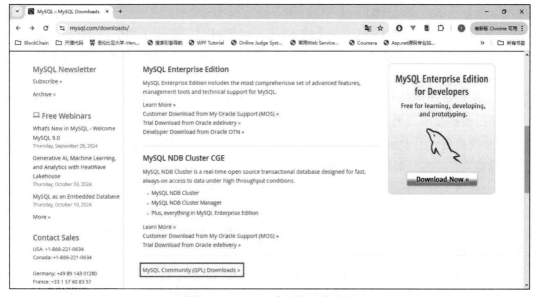

图 4.1.2　MySQL 官网的下载界面

在页面中需选择 MySQL Community (GPL) Downloads 进入 MySQL 社区版（GPL）下载，也可直接输入 https://dev.mysql.com/downloads/，进入 MySQL 社区版下载界面，如图 4.1.3 所示。

图 4.1.3　MySQL 社区版下载界面

该界面提供了 MySQL 社区版的多个组件进行下载，一般初次安装时，使用 Windows 操作系统的用户应选择 MySQL Installer for Windows 下载 MySQL Windows 安装程序，进入 MySQL 社区版 Windows 安装程序下载界面，也可直接输入 https://dev.mysql.com/downloads/installer/进入该界面，如图 4.1.4 所示。

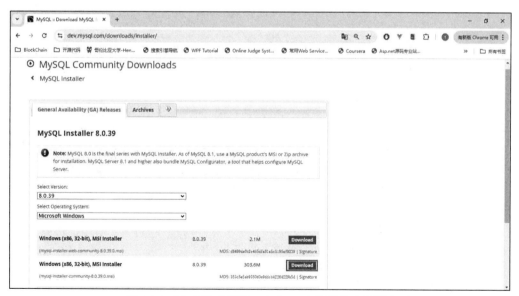

图 4.1.4　MySQL 社区版 Windows 安装程序下载界面

界面中提供了 MySQL 社区版 Windows 安装程序的下载链接，用户可以选择需要的下载版本，本任务以 8.0.39 版本进行介绍，在界面下方提供了网络安装程序和完整版本安装程序两个下载链接，一般建议选择完整版进行下载，单击 Download 按钮后进入下载前提示界面，如图 4.1.5 所示。此时会提示是否需要登录 MySQL 官网，可以选择 No thanks, just start my

download，直接开始下载。

图 4.1.5　MySQL 社区版 Windows 安装程序下载前提示界面

下载得到的安装包是 mysql-installer-community-8.0.39.0.msi，也可以直接输入 https://cdn.mysql.com//Downloads/MySQLInstaller/mysql-installer-community-8.0.39.0.msi，进行下载。

2.　安装 MySQL

（1）双击下载的安装包会弹出用户许可证协议界面，如图 4.1.6 所示。

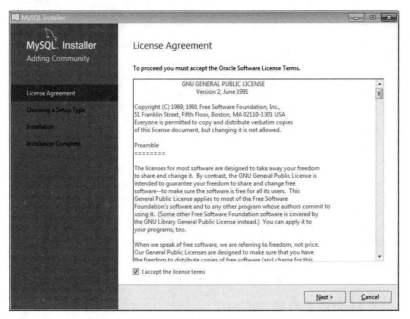

图 4.1.6　用户许可证协议界面

勾选 I accept liscense terms 复选框，单击 Next 按钮，进入安装类型选择界面，如图 4.1.7 所示。

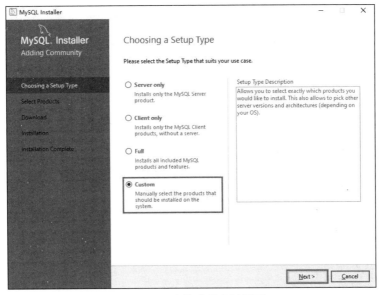

图 4.1.7　安装类型选择界面

（2）选择安装类型。

1）Server Only：只安装服务器，不安装任何客户端组件。

2）Client Only：只安装客户端，包括 MySQL Shell、MySQL Router、MySQL Workbench，但不包括 MySQL 服务器本身，在进行服务器访问和配置时，应选择此类型。

3）Full：完全安装，安装所有可用的产品组件，包括 MySQL Community Server、MySQL Shell、MySQL Router、MySQL Workbench、文档、Samples 和 Examples 等。

4）Custom：自定义安装，用户可以自由选择需要安装的组件和路径。

选择 Custom 选项，单击 Next 按钮，进入产品选择界面，如图 4.1.8 所示。

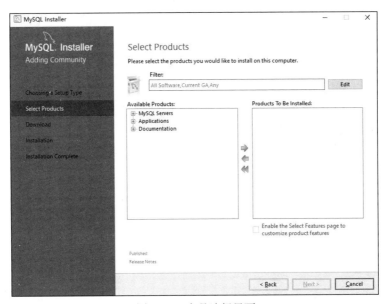

图 4.1.8　产品选择界面

（3）选择产品。产品选择界面的 Filter 文本框中可以输入产品名称进行过滤选择，单击 Edit 按钮，可以编辑过滤选项。展开下方的 Available Products 列表框，其中列出了全部可供安装的产品，选择需要的产品，单击➡按钮，将其添加到左侧的 Products To Be Installed 列表框中，此处选择的产品有 MySQL Servers、MySQL Documentation、Samples and Examples，如图 4.1.9 所示。

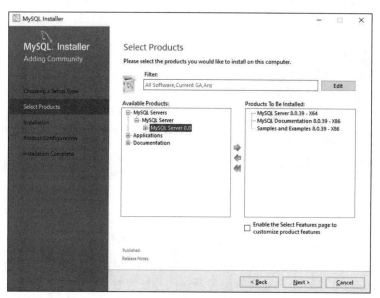

图 4.1.9　产品选择完成界面

（4）安装。单击 Next 按钮进入安装界面，如图 4.1.10 所示。此时需要确认待安装的产品，如需更改可单击 Back 按钮，返回产品选择界面。如确认无误，单击 Execute 按钮，将进行产品安装。

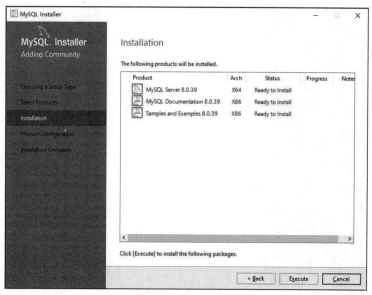

图 4.1.10　产品安装界面

安装完成后，产品状态（Status）由 Ready to Install 变为 Complete，如图 4.1.11 所示。

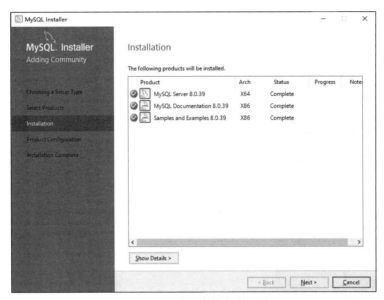

图 4.1.11 产品安装完成界面

3. 配置 MySQL

（1）确认产品配置。在产品安装完成界面中单击 Next 按钮进入产品配置界面，如图 4.1.12 所示。

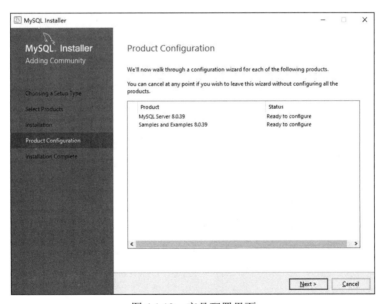

图 4.1.12 产品配置界面

此处需要配置的是 MySQL 服务器、样本和实例，此时状态（Status）显示为 Ready to Configure。首先配置 MySQL 服务器和网络，单击 Next 按钮进入服务器和网络配置界面。

（2）配置服务器类型和网络（Type and Networking）。服务器类型和网络配置界面如

图 4.1.13 所示，其中 Server Configure Type 指定 MySQL 服务器的用途，该选项将直接影响 MySQL 服务器实例运行时所使用的内存、硬盘等系统资源的分配策略。在 Config Type 下拉列表中，根据服务器的用途，提供了 4 种类型的服务器。

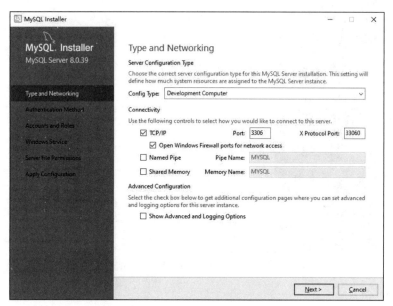

图 4.1.13　服务器类型和网络配置界面

1）Develment Computer（开发型计算机）：默认选项，选择该类型，MySQL 服务器将和其他应用程序协同运行，因此将占用最少的系统资源，适合于个人桌面用户，建议初学者选择此类型。

2）Server Computer（服务型计算机）：选择该类型，MySQL 服务器将和 Web 服务器等其他服务器协同运行，因此将采用适中模式使用内存，占用更多的系统资源。

3）Dedicated Computer（专用型计算机）：选择该类型，MySQL 服务器作为专用型服务器，仅提供数据库服务，不运行其他服务，因此将采用独占模式使用内存，占用全部系统资源。

4）Manual（配置型计算机）：选择该类型，MySQL 服务器将使用配置文件中的值来定制系统资源使用策略，用户可以通过修改配置文件中的参数实现定制策略。

配置网络连接需要勾选 TCP/IP 复选框，启用 TCP/IP，设置连接 MySQL 服务器的端口号。默认启用 TCP/IP，端口号为 3306，可直接修改新的端口号。选项 Open Windows Firewall port for network access 可以设置 Windows 防火墙允许网络访问 MySQL 服务，默认为开启状态。

本界面设置建议采用默认设置，单击 Next 按钮进入身份认证配置界面。

（3）配置身份认证选项。身份认证选项配置界面如图 4.1.14 所示。MySQL 提供 2 种认证方式。

1）Use Strong Password Encryption for Authentication（RECOMMENDED）：默认选项，使用强密码加密进行身份验证（推荐），MySQL 8 提供更安全的身份验证方法，但该方式需要服务端和客户端均支持 SHA256 强密码认证模式，如果客户端不支持，可以使用传统模式。

2）Use Legacy Authentication Method（Retain MySQL 5.x Compatibility）：使用传统身份验

证方法（保持 MySQL 5.x 的兼容性）。

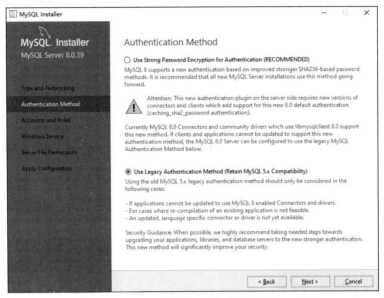

图 4.1.14　身份认证选项配置界面

读者出于学习目的，可以采用传统身份验证方法，单击 Next 按钮进入账号和角色配置界面。

（4）配置账号和角色。账号和角色配置界面如图 4.1.15 所示。在 MySQL Root Password 文本框中输入 Root 账号密码，Repeat Password 文本框用来确认密码，单击 Add User 按钮可以为应用程序添加新账号和对应密码。MySQL 配置程序会检验输入密码的强度 Password strength，如显示 Weak，则表示设置的密码过于简单。

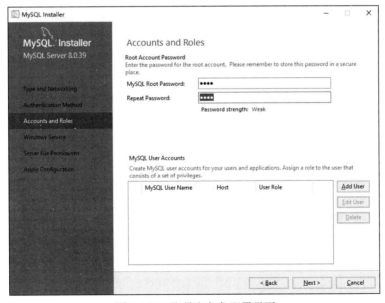

图 4.1.15　账号和角色配置界面

在本界面输入的 Root 账号密码，务必牢记，以便后续使用，单击 Next 按钮进入 Windows 服务配置界面。

（5）配置 Windows 服务。Windows 服务配置界面如图 4.1.16 所示。Configure MySQL Service as a Windows Service 复选框用于设置是否将 MySQL 服务配置为 Windows 系统服务，默认为选中状态。Windows Service Name 文本框用于为 Windows 服务设置名称，默认为 MySQL80. Start the MySQL Server at System Startup 复选框用于设置是否在系统启动时运行 MySQL 服务，默认为选中状态。Run Windows Serices as 选项用于设置运行 MySQL 服务的系统账户，Standard System Account 为标准系统账户，Custom User 为指定用户，默认为标准系统账户。本界面均使用默认设置，单击 Next 按钮进入服务器文件权限配置界面。

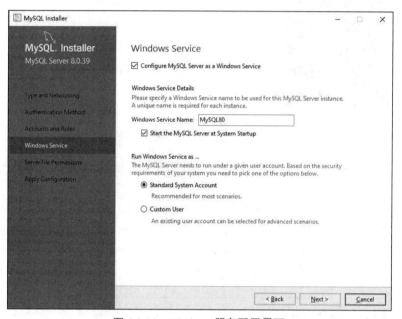

图 4.1.16　Windows 服务配置界面

（6）配置服务器文件权限。服务器文件权限配置界面如图 4.1.17 所示。MySQL 安装程序需要配置服务器文件的权限来保护服务器的数据目录，默认服务器文件存放路径为 C:\ProgramData\MySQL\MySQL Server 8.0\Data，Do you want MySQL Installer to update the server file permissions for you?选项意为询问"您想让 MySQL 安装程序为您更新服务器文件权限吗？"，3 个选项分别为：

1）Yes, grant full access to the user running the Windows Service (if applicable) and the administrators group only, Other users and groups will not have access：是，授予运行 Windows 服务的用户完全访问权限和仅限管理员组访问，其他用户和组将无权访问。

2）Yes, but let me review and configure the level of access：是的，但让我检查并配置访问级别。

3）No,l will manage the permissions after the server configuration：不，在服务器配置后另行管理权限。

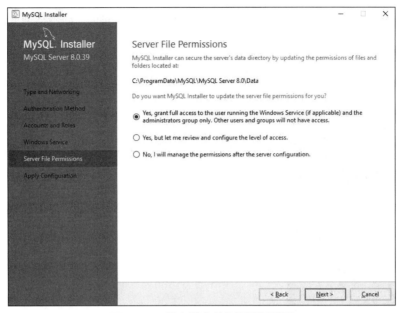

图 4.1.17　服务器文件权限配置界面

　　本界面使用默认设置，单击 Next 按钮进入应用配置界面。

　　（7）应用配置。应用配置界面如图 4.1.18 所示。此时需要确认是否应用配置，Configuration Steps 选项卡显示了配置应用的步骤，Log 选项卡显示执行过程日志，如需更改可单击 Back 按钮，返回服务器文件权限配置设置界面。

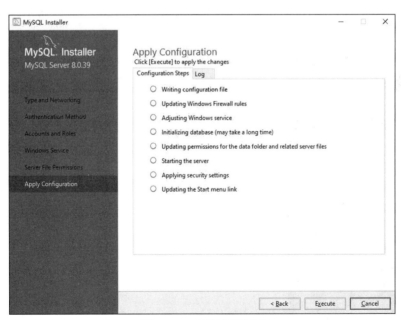

图 4.1.18　应用配置界面

　　单击 Execute 按钮将应用前面设定的配置选项。配置完成后，单击 Finish 按钮即可完成 MySQL 服务器的配置，进入后续配置任务。注意，应用配置时如在 Initializing database (may take

a long time)处出现错误，请检查 Windows 计算机名是否为全英文，如不是请修改计算机名后重试。

（8）配置样本和实例产品。样本和实例产品配置界面如图 4.1.19 所示。

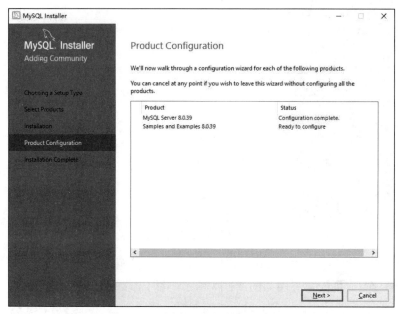

图 4.1.19　样本和实例产品配置界面

按图配置完成后，单击 Next 按钮进入服务器连接界面，如图 4.1.20 所示。

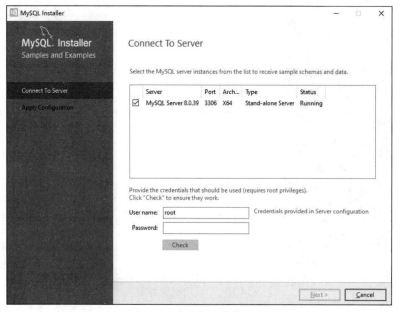

图 4.1.20　服务器连接界面

输入连接服务器的账号和密码，单击 Check 按钮，进行连接服务器测试，若连接成功，

Status 显示为 Connection succeeded.，单击 Next 按钮恢复成可用状态，如图 4.1.21 所示。

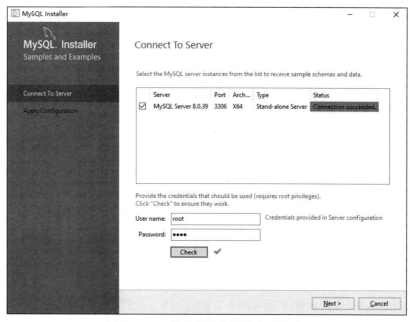

图 4.1.21　服务器连接测试成功界面

单击 Next 按钮，再次进入应用配置界面，如图 4.1.22 所示。Configuration Steps 选项卡显示本次应用配置执行步骤，Log 选项卡显示执行日志。

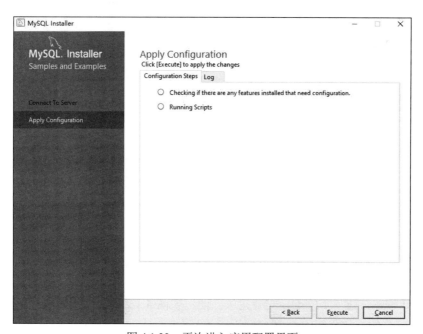

图 4.1.22　再次进入应用配置界面

单击 Execute 按钮，配置应用设定，完成后如图 4.1.23 所示。

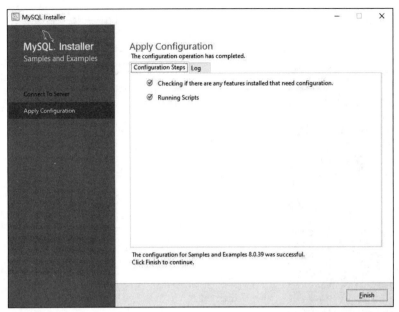

图 4.1.23　应用配置完成界面

单击 Finish 按钮再次回到样本和实例产品配置界面，如图 4.1.24 所示。此时 Status 状态栏显示所有产品均为 Configuration complete，即均已配置完成。

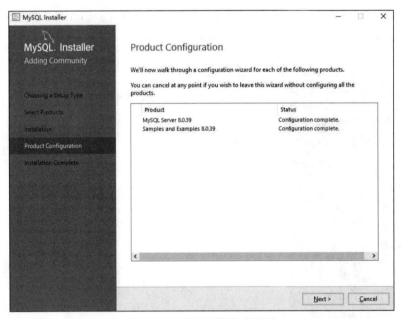

图 4.1.24　产品配置完成界面

单击 Next 按钮，进入 MySQL 安装完成界面，如图 4.1.25 所示，单击 Finish 按钮关闭窗口，完成 MySQL 的安装和配置。

●练一练　完成以下任务。

（1）完成 MySQL 服务器的安装任务。

（2）完成 MySQL 服务器的配置任务。

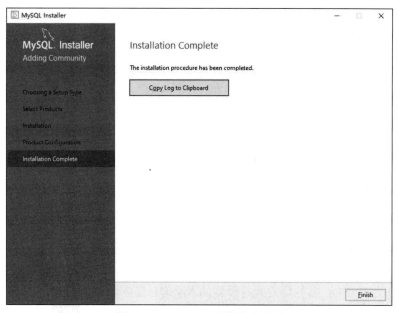

图 4.1.25　MySQL 安装完成界面

4.1.3　连接 MySQL 服务器

安装和配置完 MySQL 服务器后，需要使用客户端连接 MySQL 服务器。

1. 检查 MySQL 服务运行状态

MySQL 服务器安装完成后，默认情况下 MySQL80 服务将以 Windows 系统服务启动，可通过以下方式检查服务是否正常运行。

（1）打开"服务"窗口。按下组合键 Win + R，打开"运行"窗口，输入 services.msc，如图 4.1.26 所示。单击"确定"按钮，打开"服务"窗口。

图 4.1.26　"运行"窗口

（2）检查 MySQL 服务状态。在"服务"窗口中，找到 MySQL80 服务，如图 4.1.27 所示。

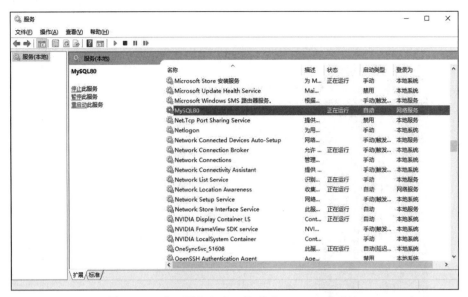

图 4.1.27　在"服务"窗口找到"MySQL80"服务

　　MySQL80 为 MySQL 服务器安装时设置的 MySQL 服务名称，"状态"栏显示"正在运行"，表示 MySQL 服务已正常运行，此时可使用 MySQL 客户端连接服务器。右击 MySQL80 服务后，在弹出的快捷菜单中可选择"启动""停止""暂停"等选项来改变服务状态。

　　2. 连接 MySQL 服务器

　　（1）使用 MySQL 命令行工具连接 MySQL 服务器。选择"开始"→"MySQL"→"MySQL 8.0 Command Line Client"命令，打开命令行客户端，输入 root 账号对应的密码，即可连接 MySQL 服务器，如图 4.1.28 所示。

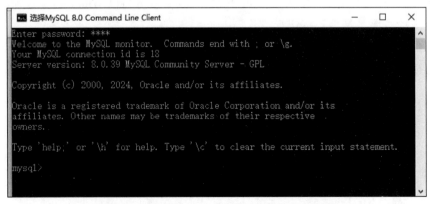

图 4.1.28　使用 MySQL 命令行工具连接服务器

　　输入命令"show databases;"，查看当前数据库列表信息，如图 4.1.29 所示。

　　（2）使用 Navicat 工具连接登录 MySQL 服务器。Navicat For MySQL 是一款可以轻松连接 MySQL 数据库的客户端开发工具，使用它可以快速轻松地创建、管理和维护 MySQL 数据库。本书中主要使用该工具来实现对 MySQL 数据库的管理操作，该工具为商业软件，其下载和安装操作需读者自行完成，使用 Navicat 工具连接登录 MySQL 服务器的步骤如下：

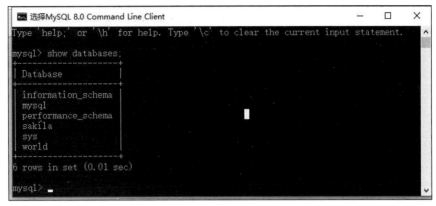

图 4.1.29　查看当前数据库列表信息

1）打开 Navicat for MySQL，进入主界面，如图 4.1.30 所示。

图 4.1.30　Navicat For MySQL 主界面

2）单击工具栏中的"连接"图标，弹出"新建连接"对话框，如图 4.1.31 所示。

- "连接名"文本框：连接的标识名，其命名规则为"用户名@机器名"，默认用户名为 root，可省略，这里可设置为 localhost 或 127.0.0.1。
- "主机名或 IP 地址"文本框：连接的 MySQL 数据库服务器的主机名或 IP 地址，本机可设为 localhost 或 127.0.0.1。
- "端口"文本框：连接的 MySQL 数据库服务器的端口号，此处为安装时设定的端口号，默认为 3306。
- "用户名"文本框：连接的 MySQL 数据库服务器的账号，默认为 root。
- "密码"文本框：连接的 MySQL 数据库服务器账号对应的密码。
- "保存密码"复选框：可设定是否保存密码，以便后续连接使用。

图 4.1.31　"新建连接"对话框

3）设置完成后，单击"连接测试"按钮，如无错误，则弹出"连接成功"对话框，单击"确定"按钮，关闭连接测试对话框，再次单击"确定"按钮，完成连接创建，返回主界面，此时主界面左侧的连接列表将显示新创建的连接 localhost。

4）双击 localhost 连接，打开连接，使用设定的连接设置登录 MySQL 服务器，并列出服务上的数据库列表，如图 4.1.32 所示。

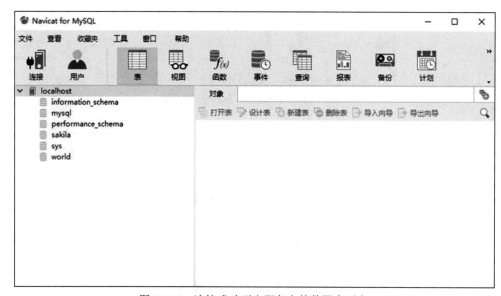

图 4.1.32　连接成功列出服务上的数据库列表

本书中使用 Navicat 连接 MySQL 数据库，可按以上步骤完成。

●**练一练**　完成以下操作任务。

（1）使用 MySQL 命令行工具连接 MySQL 服务器并查看数据库列表信息。

（2）使用 Navicat 连接 MySQL 数据库并查看数据库列表信息。

4.1.4　管理数据库对象

数据库是存储数据对象的容器，对数据库的管理操作如下：

（1）查看数据库：显示系统中的全部数据库。

（2）创建数据库：创建一个新的数据库。

（3）切换数据库：切换默认数据库。

（4）修改数据库：修改数据库的参数。

（5）删除数据库：删除一个数据库。

1．MySQL 中的系统数据库

MySQL8.0.39 安装成功后，登录服务器端，系统中有 4 个系统自带数据库，分别是 information_schema、mysql、performance_schema、sys，其作用如下：

（1）information_schema。在 MySQL 中 information_schema 保存了数据库元数据，即该数据库保存了 MySQL 服务器维护的所有其他数据库的信息，如数据库名、数据表、列的数据类型、访问权限等。

（2）mysql。mysql 是 MySQL 的核心数据库，主要负责保存 MySQL 服务器中的用户、权限、关键字等 MySQL 本身需要使用的控制和管理信息，这些信息用户不要修改或删除，容易造成无法挽回的错误，常用的 user 表存储了 root 用户的密码。

（3）performance_schema。performance_schema 是 MySQL 中的一个内置系统数据库，主要用于收集和存储与数据库性能相关的统计信息和指标，可以帮助运维人员监控、调优和故障排查数据库性能。

（4）sys。sys 库中的数据均来自 performance_schema 和 information_schema 数据库，通过视图的形式把 information_schema 和 performance_schema 结合起来，简化数据库访问和操作。

如果在 MySQL 安装时选择了安装 Samples 和 Example，还将看到 sakila 和 world，它们是系统提供的示例数据库。

2．查看数据库

使用 SHOW DATABASES 或 SHOW SCHEMAS 语句查看系统中的数据库列表，其语法格式如下：

```
SHOW {DATABASES | SCHEMAS}
    [LIKE 'pattern' | WHERE expr] ;
```

注意：SHOW DATABASES 命令中 DATABASE 后面要加 S，每条命令需以;结束，该命令执行效果可参考图 4.1.29。

SHOW DATABASES 命令可以后接 LIKE 或 WHERE 子句，从而实现对数据的过滤。例如，只显示含有 m 的数据库名称，可以使用以下命令。

```
SHOW DATABASES LIKE '%m%';
```

或

```
SHOW DATABASES WHERE `Database` like '%m%';
```

3. 创建数据库

使用 CREATE DATABASE 或 CREATE SHEMA 命令可以创建数据库，其语法格式如下：

```
CREATE {DATABASE | SCHEMA} [IF NOT EXISTS] db_name
[create_specification [, create_specification] ...]
```

其中 create_specification 语法格式如下：

```
[DEFAULT] CHARACTER SET charset_name
|   [DEFAULT] COLLATE collation_name
```

说明： 语句中"[ ]"内为可选项。

- db_name。数据库名称。MySQL 的数据库在文件系统中是以目录方式表示的，因此，命令中的数据库名称必须符合操作系统文件夹命名规则。同时要注意的是，在 MySQL 中数据库名称是不区分字母大小写的。
- IF NOT EXISTS。在创建数据库前进行判断，只有该数据库目前尚不存在时才执行。CREATE DATABASE。用此选项可以避免出现数据库已经存在而再新建的错误。
- DEFAULT。指定默认值。
- CHARACTER SET。指定数据库字符集（Character Set），charset_name 为字符集名称。
- COLLATE。指定字符集的校对规则，collation_name 为校对规则名称。

字符集是数据使用的字符和编码所对应的集合，由于世界上语言众多，字符集也有多个，常用的字符集由美国国家标准编码字符集（American Standard Code for Information Interchange，ASCII），中国国家标准信息交换用汉字编码字符集 GB2312（仅支持简体中文），全球统一通用字符集 UNICODE（支持所有语言，可分为 UTF-8、UTF-16）等，用户需要根据数据库所使用的语言选择对应的字符集，MySQL 默认情况下使用 utf8mb4 字符集，该字符集是基于 UTF-8 的扩展字符集。

校对规则（Collation）是指在同一字符集内字符之间的比较规则，确定字符集的比较规则才能定义等价字符，比较字符之间的大小关系，每个字符校对规则唯一对应一个字符集，但一个字符集可以存在多种校对规则，其中至少存在一个默认的字符校对规则（Default Collation）。MySQL 中的字符校对规则命令习惯是"字符集名称_校对方式"，校对方式以_ci（表示大小写不敏感）、_cs（表示大小写敏感）、_bin（表示按编码值比较）结尾，如字符校对规则 utf8_general_ci 表示 UTF-8 编码的字符集中 a 和 A 相等。

4. 使用数据库

在 MySQL 中可以同时存在多个数据库，因此需要使用 USE 命令来指定默认数据库，其语法格式如下：

```
USE   db_name;
```

为了能够确认当前的默认数据库，MySQL 中提供了以下命令，用于查看默认数据库：

```
SELECT DATABASE();
```

5. 修改数据库

数据库创建后，如果需要修改数据库的参数，可以使用 ALTER DATABASE 或 ALTER SCHEMA 命令，其语法格式如下：

```
ALTER {DATABASE | SCHEMA} [db_name]
    alter_specification [, alter_specification] ...
```

其中 alter_specification 语法格式如下：

```
[DEFAULT] CHARACTER SET charset_name
  |[DEFAULT] COLLATE collation_name
```

说明：ALTER DATABASE 命令用于更改数据库的全局参数，这些参数保存在数据库目录中的 db.opt 文件中。用户只有具有修改数据库的权限，才可以使用 ALTER DATABASE 命令。修改数据库的选项与创建数据库时相同，不再重复说明。如果语句中忽略数据库名称，则修改当前（默认）数据库的参数。

6. 删除数据库

已经创建的数据库需要删除时，可以使用 DROP DATABASE 命令，其语法格式如下：

```
DROP DATABASE    [IF EXISTS] db_name
```

说明：db_name 是要删除的数据库的名称。可以使用 IF EXISTS 子句可以避免删除不存在的数据库时出现 MySQL 错误信息。

注意：这个命令必须小心使用，因为它将删除指定的整个数据库，该数据库的所有表（包括其中的数据）将被永久删除。

【任务实施】

（1）在 MySQL 控制台窗口中，输入 create database eshopping，其结果如图 4.1.33 所示。

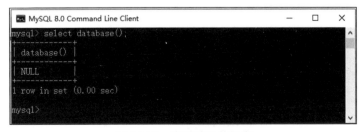

图 4.1.33　创建网上商城 eshopping 数据库

（2）在 MySQL 控制台窗口中，输入 select database();，查看默认数据库，其结果如图 4.1.34 所示。

图 4.1.34　查看默认数据库

说明：NULL 表示当前未选择任何数据库。

（3）在 MySQL 控制台窗口中，输入 use eshopping;，将 eshopping 设为默认数据库，其结果如图 4.1.35 所示。

图 4.1.35　将 eshopping 设为更改默认数据库

更改默认数据库 eshopping 后，再次查看当前数据库，则显示默认数据库为 eshopping。

（4）在 MySQL 控制台窗口中，输入以下命令，将 eshopping 数据库的默认字符集设为 utf8，校对规则设为 utf8_general_ci，其结果如图 4.1.36 所示。

```
ALTER DATABASE ESHOPPING
DEFAULT CHARACTER SET utf8
DEFAULT COLLATE   utf8_general_ci;
```

图 4.1.36　更改 eshopping 数据库的字符集和校对规则

【任务小结】

本任务主要完成 MySQL 数据库系统的安装、配置与连接，以及数据库对象的管理，重点介绍了使用 MySQL 进行数据库管理的相关知识，主要内容如下：

（1）数据、数据库、数据库管理系统的基本概念。

（2）MySQL 数据库系统的简介与主要版本。

（3）MySQL 数据库系统的下载、安装与配置。

（4）MySQL 数据库服务器的连接方式。

（5）使用 MySQL 数据库实现数据库对象的管理。

【课堂练习】

1．完成 MySQL 数据库系统的下载、安装与配置。

（1）登录 MySQL 官网，根据使用操作系统版本，下载对应版本的 MySQL 安装程序包。

（2）使用 MySQL 安装程序包，完成 MySQL 数据库服务器的安装。

（3）使用 MySQL 安装程序包，完成 MySQL 数据库服务器的配置。

（4）在教师指导下，完成 Navicat 客户端工具的安装。

2．利用 MySQL 命令行工具完成 MySQL 数据库系统的连接。

（1）检查 MySQL80 服务的运行状态。

（2）打开 MySQL 命令行工具。

（3）输入连接密码，连接 MySQL 数据库系统。

（4）输入数据库信息列表命令，查看数据库列表信息。

3．利用 Navicat 客户端完成 MySQL 数据库系统的连接。

（1）检查 MySQL80 服务的运行状态。

（2）打开 Navicat 客户端。

（3）使用 MySQL 数据库服务器配置，新建 MySQL 连接 localhost，并测试连接。

（4）打开连接，查看数据库列表信息。

4．利用 MySQL 客户端完成 MySQL 数据库对象管理操作。

（1）打开 MySQL 客户端。

（2）查看当前数据库列表信息。

（3）使用默认配置，创建网上商城数据库备份库 eshopping_bak。

（4）查看默认数据库。

（5）切换默认数据库为 eshopping_bak，并确认。

（6）修改 eshopping 数据库的字符集为 utf8，校对规则设为 utf8_general_ci。

（7）删除备份数据库 eshopping__bak。

【课后习题】

一、填空题

1．MySQL 中的开源数据库版本是_____。

2．MySQL 数据库的默认用户名是_____，默认端口是_____，默认服务名是_____。

3．查看数据库列表的命令是_____。

4．查看当前默认数据库的命令是_____。

二、简答题

1．什么是数据、数据库、数据库管理系统？

2．数据库对象管理操作有哪些？

三、实践题

1. 请完成 MySQL 数据库服务器的下载、安装和配置任务。
2. 请使用 MySQL 命令行工具完成 MySQL 数据库服务连接任务。
3. 请使用 Navicat 客户端完成 MySQL 数据库服务连接任务。
4. 张明接到公司指令，需完成以下数据库服务器管理操作，请写出相关命令。
（1）查看公司服务器上的数据库列表信息。
（2）使用默认配置创建诚信论坛数据库 CXBBS。
（3）将诚信论坛数据库 CXBBS 的字符集改为 utf8，校对规则改为 utf8-general-ci。

任务 4.2　数据表管理

【任务目标】

通过本任务的学习，实现以下任务目标：
（1）完成网上商城平台项目数据库中客户信息表、产品表、订单表、订单明细表的创建。
（2）完成网上商城平台项目数据库中客户信息表、产品表、订单表、订单明细表的非空、主键、外键、默认值约束的创建。

【思政小课堂】

理解数据约束，遵守职业规范。数据约束是用来确保数据准确性和一致性的一套规则，可以防止不符合规范的数据进入数据库。数据库管理系统在用户对数据进行插入、修改、删除等操作时，会根据事先设定的约束条件对数据进行监测，阻止不符合条件的数据进入数据库，从而确保数据库中存储的数据正确、有效、相容。

数据约束的本质就是操作数据应遵守的规范，要确保数据正确，就要遵守数据约束，读者不仅在操作数据时要遵守规范，而且在进行其他职业操作时也应遵守相应操作规范，如在编码时，要遵守编码规范，只有守规才能保证编码正确。

【知识准备】

数据表是数据库存放数据的数据对象，是存储数据对象的容器，没有数据表，数据库中其他的数据对象就没有意义。对数据表的操作包括以下几种：
（1）查看数据表：显示默认数据库中的全部数据表。
（2）创建数据表：创建一个新的数据表。
（3）修改数据表：更改数据表的结构。
（4）重命名数据表：修改数据表的名称。
（5）删除数据表：删除一个数据表及其全部数据。

4.2.1　查看数据表

使用 SHOW TABLES 命令可显示数据库中的数据表列表，其语法格式如下：

SHOW [FULL] TABLES [{FROM | IN} db_name]
　　　[LIKE 'pattern' | WHERE expr] ;

使用该命令可查看数据库中的数据表列表，通过使用 FORM 或 IN 参数可以指定查看的数据库名称，通过 LIKE 或 WHERE 参数可以指定显示的过滤条件。

如果需要查看一个数据表的具体信息，则可以使用 DESCRIBE 命令，其语法格式如下：

{DESCRIBE | DESC} tbl_name [col_name | wild]

通常会使用该命令的缩写形式 DESC，如 DESC tbl_user。

【例 4.2.1】查看系统数据库 mysql 中的数据表列表信息和 db 表的数据列信息

（1）使用 Navicat 客户端连接 MySQL 服务器，双击打开 mysql 数据库，在工具栏单击查询图标，打开"查询编辑器"选项卡。

（2）在"查询编辑器"选项卡中，输入 show tables，查看 mysql 数据库的数据表列表信息，其结果如图 4.2.1 所示。

图 4.2.1　查看 mysql 数据库的数据表列表信息

（3）在"查询编辑器"选项卡中，输入 desc db，查看 db 表的数据表列表信息，其结果如图 4.2.2 所示。

图 4.2.2　查看 db 数据表的数据表列表信息

4.2.2 创建数据表

数据表是十分重要的数据对象，用户所关心的数据分门别类地存储在各个表中，许多操作都是围绕表进行的。因此，表的结构是否清晰将直接影响数据库系统的执行效率。因此，在创建表之前，一定要做好系统分析，以免创建后再修改。在建表之前，首先需要知道每个属性的数据类型，MySQL 数据类型有以下几种。

1. 数值型

（1）DECIMAL 和 NUMERIC(M,D)。定义数据类型为数值型，其最大长度为 M 位，小数位为 D 位，常用于价格、金额等对精度要求不高但准确度要求非常高的字段。

（2）FLOAT(p)。定义数据类型为浮点数值型，其精度等于或大于给定的精度 p。

（3）DOUBLE。定义数据类型为双精度浮点类型，它的精度由执行机器确定。

（4）BIT[(M)]。位字段类型。M 表示值的位数，范围为 1～64。如果省略 M，则默认为 1。

（5）TINYINT[(M)] [UNSIGNED] [ZEROFILL]。表示很小的整数。带符号的范围是–128～127，无符号的范围是 0～255。[UNSIGNED]表示无符号，[ZEROFILL]表示不足最大位数的需补 0。

（6）BOOL、BOOLEAN。表示布尔类型，其范围与 TINYINT(1)相同。0 值被视为假，非 0 值被视为真。

（7）SMALLINT[(M)] [UNSIGNED] [ZEROFILL]。表示小整数。带符号的范围是–32768～32767，无符号的范围是 0～65535。

（8）MEDIUMINT[(M)] [UNSIGNED] [ZEROFILL]。表示中等大小的整数。带符号的范围是–8388608～8388607，无符号的范围是 0～16777215。

（9）INT 和 INTEGER[(M)] [UNSIGNED] [ZEROFILL]。表示普通大小的整数。带符号的范围是–2147483648～2147483647，无符号的范围是 0～4294967295。

（10）BIGINT[(M)] [UNSIGNED] [ZEROFILL]。表示大整数。带符号的范围是-9223372036854775808～9223372036854775807，无符号的范围是 0～18446744073709551615。

注意：TINYINT、SMALLINT、MEDIUMINT、INT 和 BIGINT 占用的存储空间分别为 1字节、2 字节、3 字节、4 字节和 8 字节。

2. 日期时间型

（1）DATE。表示日期型数据，支持的范围为 1000-01-01～9999-12-31，在 MySQL 中以 YYYY-MM-DD 格式显示 DATE 值。

（2）DATETIME。表示日期时间型数据，支持的范围是 1000-01-01 00:00:00～9999-12-31 23:59:59，在 MySQL 中以 YYYY-MM-DD HH:MM:SS 格式显示 DATETIME 值。

（3）TIMESTAMP[(M)]。是时间戳类型，范围从 1970-01-01 00:00:01 到 2038-01-19 03:14:07 UTC。基本格式为 YYYY-MM-DD HH:MM:SS，M 表示可选的微秒精度（0～6 位）。具有自动时

区转换特性，且可配置自动初始化和更新。

（4）TIME。表示时间类型。范围是–838:59:59～838:59:59。在 MySQL 中以 HH:MM:SS 格式显示 TIME 值。

（5）YEAR[(2|4)]。表示年份数据，其格式为 2 位或 4 位，默认是 4 位格式。在 4 位格式中，允许的范围是 1901～2155 和 0000。在 2 位格式中，允许的范围是 70～69，表示从 1970 年到 2069 年。在 MySQL 中以 YYYY 格式显示 YEAR 值。

3. 字符串型

（1）CHAR(M) [BINARY| ASCII | UNICODE]。表示固定长度字符串。M 表示字符长度，范围是 0～255 个字符。对于非 BINARY 的 CHAR，存储时会截断尾部空格；BINARY 存储时保留尾部空格。BINARY 属性指定列使用字符集的二元校对规则；ASCII 属性表示该字段使用 latin1 字符集；UNICODE 属性表示该字段使用 ucs2 字符集。；

（2）VARCHAR(M) [BINARY]。表示变长字符串。M 表示最大字符长度，实际最大长度受到最大行大小（65,535 字节）和所使用字符集的限制。存储时需要 1～2 个额外字节来记录实际长度。BINARY 表示使用字符集的二元校对规则。

（3）BINARY(M)。表示固定二进制字节字符串，与 CHAR 类型类似。

（4）VARBINARY(M)。表示可变长二进制字节字符串，与 VARCHAR 类型类似。

（5）BLOB[(M)]。表示二进制大对象，最大长度为 65535（2^{16}–1）个字节的 BLOB 列。以二进制方式存储，不进行字符集转换。

（6）TEXT[(M)]。表示大文本对象，最大长度为 65535（2^{16}–1）个字符的 TEXT 列。存储时会根据指定的字符集进行编码。

（7）MEDIUMBLOB。表示最大长度为 16777215（2^{24}–1）个字节的 BLOB 列。

（8）MEDIUMTEXT。表示最大长度为 16777215（2^{24}–1）个字符的 TEXT 列。

（9）LONGBLOB。表示最大长度为 4294967295（2^{32}–1）或 4GB 个字节的 BLOB 列。

（10）LONGTEXT。表示最大长度为 4294967295（2^{32}–1）或 4GB 个字符的 TEXT 列。

（11）ENUM('value1','value2',...)。表示枚举类型，使用枚举类型的字段，其值只能为 value1、value2、...或 NULL。一个枚举最多可定义 65535 个值，在内部用整数表示，从 0 开始。

（12）SET('value1','value2',...)。表示集合类型。使用集合对象的字段，其值可以是集合中的 0 个或多个值，但其值必须来自 value1、value2、...中。一个集合最多可定义 64 个值，在内部用整数表示。

为便于查询，MySQL 中的数据类型见表 4.2.1。

表 4.2.1　MySQL 中的数据类型

名称	长度	用法
TINYINT[(M)]、BIT[(M)]、BOOL、BOOLEAN	1	如果为无符号数，可以存储 0～255 的数，否则可以存储从 –128～127 的数
SMALLINT[(M)]	2	如果为无符号数，可以存储 0～65535 的数，否则可以存储从 –32768～32767 的数

名称	长度	用法
MEDIUMINT[(M)]	3	如果为无符号数，可以存储 0～16777215 的数，否则可以存储 –8388608～8388607 的数
INT、INTEGER[(M)]	4	如果为无符号数，可以存储 0～4294967295 的数，否则可以存储–2147483648～2147483647 的数
BIGINT[(M)]	8	如果为无符号数，可以存储 0～18446744073709551615 的数，否则可以存储–9223372036854775808～9223372036854775807 的数
FLOAT(p)	4 或 8	这里的 p 为参数 precision，可以是不大于 53 的整数。如果 precision≤24，则转换为 FLOAT，如果 precision>24 并且 precision≤53，则转换为 DOUBLE
FLOAT(M,D)	4	单精度浮点数
DOUBLE(M,D)、DOUBLE、PRECISION、REAL	8	双精度浮点数
DECIMAL(M,D)、DEC、NUMERIC、FIXED	M+1 或 M+2	未打包的浮点数
DATE	3	以 YYYY-MM-DD 的格式显示
DATETIME	8	以 YYYY-MM-DD HH:MM:SS 的格式显示
TIMESTAMP[(M)]	4	以 YYYY-MM-DD HH:MM:SS 的格式显示
TIME	3	以 HH:MM:SS 的格式显示
YEAR[(14)]	1	以 YYYY 的格式显示
CHAR(M)	M	定长字符串
VARCHAR(M)	最大 M	变长字符串，M 最大值为 65535，受限于最大行大小和字符集
TINYBLOB、TINYTEXT	最大 255	TINYBLOB 对字母大小写敏感，TINYTEXT 对字母大小写不敏感
BLOB[(M)]、TEXT[(M)]	最大 64KB	BLOB 对字母大小敏感，TEXT 对字母大小写不敏感
MEDIUMBLOB、MEDIUMTEXT	最大 16MB	MEDIUMBLOB 对字母大小写敏感，MEDIUMTEXT 对字母大小不敏感
LONGBLOB、LONGTEXT	最大 4GB	LONGBLOB 对字母大小敏感，LONGTEXT 对字母大小不敏感
ENUM('value1', 'value2')	1 或 2	最大可达 65535 个不同的值
SET('value1', 'value2')	可达 8	最大可达 64 个不同的值

在 MySQL 中创建表的基本语法格式如下：

```
CREATE [TEMPORARY] TABLE [IF NOT EXISTS] tbl_name
    [ ( [column_definition , ... | [index_definition] ] ]
    [table_option] [select_statement];
```

说明：

- TEMPORARY。该关键字表示用 CREATE 命令新建的表为临时表。临时表只对创建它的用户可见，当断开与该数据库的连接时，MySQL 会自动删除临时表。不加该关键字创建的表通常称为持久表，在数据库中持久表一旦创建就会一直存在，多个用户或者多个应用程序可以同时使用持久表。

- IF NOT EXISTS。该关键字表示在建表前加上一个判断，只有该表目前尚不存在时才执行 CREATE TABLE 命令，使用该关键字可以避免出现表已经存在而无法再新建的错误。
- table_name。该关键字表示要创建的表名。表名必须符合标识符的命名规则，如果有 MySQL 保留字必须用单引号括起来。
- column_definition。该关键字表示列定义，包括列名、数据类型，可能还包含一个空值声明和一个完整性约束。
- index_definition。该关键字表示表索引项定义，主要定义表的索引、主键、外键等，具体定义将在后续学习内容中讨论。
- table_option。该关键字表示用于描述表的选项。
- select_statement。该关键字表示可以在 CREATE TABLE 语句的末尾添加一个 SELECT 语句，在现有表的基础上创建表。

【例 4.2.2】请在网上商城数据库中创建用户表（users），其数据字段描述见表 4.2.2。

表 4.2.2　用户表（users）

序号	字段名	字段类型	是否为空	描述	备注
1	user_id	int	否	用户编号	主键，自动增长
2	user_name	varchar(20)	否	用户名称	—
3	password	varchar(20)	否	用户密码	默认为 123456
4	email	varchar(50)	是	商品类别	—

（1）使用 Navicat 客户端连接 MySQL 服务器，双击打开 eshopping 数据库，在工具栏单击"查询"图标，打开"查询编辑器"选项卡。

（2）在"查询编辑器"选项卡中，输入以下 SQL 语句，其执行结果如图 4.2.3 所示。

```
CREATE TABLE USERS(
    user_id INT ,
    user_name VARCHAR(20) ,
    password VARCHAR(20) ,
    email VARCHAR(50)
)
```

图 4.2.3　用户表创建结果

本例中创建的用户表仅定义了最基本的字段名和字段类型，而关于列的为空性和约束并没有定义，实际上可以通过"列定义"对列的为空性和约束进行描述。

4. 列定义

在 MySQL 中列定义的语法格式如下：

```
col_name    type    [NOT NULL | NULL] [DEFAULT default_value]
    [AUTO_INCREMENT] [UNIQUE [KEY] | [PRIMARY] KEY]
    [COMMENT 'string'] [reference_definition]
```

说明：

- col_name。该关键字表示表中列的名称。列名必须符合标识符的命名规则，长度不能超过 64 个字符，且在表中要唯一，如果有 MySQL 保留字必须用单引号括起来。
- type。该关键字表示列的数据类型，有的数据类型需要指明长度 n，并用括号括起来。
- AUTO_INCREMENT。该关键字表示设置自增属性，只有整型列才能设置此属性。当插入 NULL 值或 0 到一个 AUTO_INCREMENT 列中时，列被设置为 value+1，在这里，value 是此前表中该列的最大值。AUTO_INCREMENT 顺序从 1 开始。每个表只能有一个 AUTO_INCREMENT 列，并且它必须被索引。
- NOT NULL | NULL。该关键字表示指定该列是否允许为空。如果不指定，则默认值为 NULL。
- DEFAULT default_value。该关键字表示为列指定默认值，默认值必须为一个常数。其中，BLOB 和 TEXT 列不能被赋予默认值。如果没有为列指定默认值，MySQL 自动分配一个值。如果列可以取 NULL 值，默认值就是 NULL。如果列被声明为 NOT NULL，则默认值取决于列的数据类型。
  - ➢ 对于没有声明 AUTO_INCREMENT 属性的数字类型，默认值是 0。对于一个 AUTO_INCREMENT 列，其默认值是在顺序中的下一个值。
  - ➢ 对于除 TIMESTAMP 以外的日期和时间类型，默认值是该类型适当的 0 值。对于表中第一个 TIMESTAMP 列，默认值是当前的日期和时间。
  - ➢ 对于字符串类型，默认值是空字符串。对于 ENUM，默认值是第一个枚举值。
- UNIQUE KEY | PRIMARY KEY。PRIMARY KEY 和 UNIQUE KEY 都表示字段中的值是唯一的。PRIMARY KEY 表示设置为主键，一个表只能定义一个主键，主键一定要为 NOT NULL。
- COMMENT 'string'。该关键字表示对列的描述，string 是描述的内容。
- reference_definition。该关键字表示指定外键所引用的表和列。

【例 4.2.3】请编写带有完整列定义的创建用户表的 SQL 语句。

在"查询编辑器"选项卡中，输入以下 SQL 语句，其执行结果如图 4.2.4 所示。

```
DROP TABLE IF EXISTS USERS;
CREATE TABLE USERS(
    user_id INT NOT NULL AUTO_INCREMENT ,
    user_name VARCHAR(20) NOT NULL,
    password VARCHAR(20) NOT NULL DEFAULT "123456" ,
    email VARCHAR(50) ,
    PRIMARY KEY (user_id)
)
```

说明：DROP TABLE 的作用是删除表，IF EXISTS 表示只有表存在时才执行删除操作。

图 4.2.4　创建带有完整列定义的用户表

通常情况下，设置好列定义，即可较好地完成数据表的创建工作，不过 MySQL 中还提供了表选项，以更好地完成表的创建，其语法格式如下：

```
{ENGINE | TYPE} = engine_name                          #存储引擎
| AUTO_INCREMENT = value                                #初始值
| AVG_ROW_LENGTH = value                                #表的平均行长度
| [DEFAULT] CHARACTER SET charset_name [COLLATE collation_name]
#默认字符集
| CHECKSUM = {0 | 1}                                    #设置为 1 表示求校验和
| COMMENT = 'string'                                    #注释
| CONNECTION = 'connect_string'                         #连接字符串
| MAX_ROWS = value                                      #行的最大数
| MIN_ROWS = value                                      #列的最小数
| PACK_KEYS = {0 | 1 | DEFAULT}
| PASSWORD = 'string'                                   #对.frm 文件加密
| DELAY_KEY_WRITE = {0 | 1}                             #对关键字的更新
| ROW_FORMAT = {DEFAULT|DYNAMIC|FIXED|COMPRESSED|REDUNDANT|COMPACT}
#定义各行应如何储存
| UNION = (tbl_name[,tbl_name]...)                      #表示哪个表应该合并
| INSERT_METHOD = { NO | FIRST | LAST }                 #是否执行 INSERT 语句
| DATA DIRECTORY = 'absolute path to directory'         #数据文件的路径
| INDEX DIRECTORY = 'absolute path to directory'        #索引的路径
```

说明：表中大多数的选项涉及的是表数据如何存储及存储在何处。多数情况下，不必指定表选项。

5. MySQL 中的存储引擎

{ENGINE|TYPE}选项是定义表的存储引擎，存储引擎负责管理数据存储和 MySQL 的索

引。目前使用最多的存储引擎是 MyISAM 和 InnoDB。

（1）MyISAM 引擎是一种非事务性的引擎，提供高速存储和检索，以及全文搜索的功能，适合数据仓库等查询频繁的应用。在 MyISAM 中，一个 table 实际保存为 3 个文件：.frm 文件存储表定义、.myd 文件存储数据和.myi 文件存储索引。

（2）InnoDB 是一种支持事务的引擎。所有的数据存储在一个或者多个数据文件中，支持类似于 Oracle 的锁机制。一般在联机事务处理过程（On-Line Transaction Processing，OLTP）应用中使用较广泛。如果没有指定 InnoDB 配置选项，MySQL 将在 MySQL 数据目录下创建一个名为 ibdata1 的自动扩展数据文件，以及两个名为 ib_logfile0 和 ib_logfile1 的日志文件。

4.2.3 数据约束的管理

为了减少输入错误和保证数据库数据的完整性，可以对字段设置约束，上例中介绍的为空性约束就是其中一种。约束是一种命名规则和机制，即通过对数据的增、删、改等操作进行一些限制，以保证数据库的数据完整性。它包括 NOT NULL 约束、PRIMARY KEY 约束、FOREIGN KEY 约束、DEFAULT 约束、UNIQUE 约束。

有两种方法定义完整性约束：列约束和表约束。列约束定义在一个列上，只能对该列起约束作用。表约束一般定义在一个表的多个列上，要求被约束的列满足一定的关系。

下面分别介绍 5 种约束的实现。

1. NOT NULL 约束

NOT NULL 约束指定了这样一个规则：被约束的列不能包含 NULL 值，且只能是一个列约束，不能是一个表约束。当试图在一个有 NOT NULL 约束的列插入 NULL 值时，会发生错误。例如，创建用户表时，指定 user_id 列不能为空。语法格式如下：

```
DROP TABLE IF EXISTS users;
CREATE TABLE USERS (uid INT NOT NULL);
```

当然也可以通过 ALTER TABLE 语句修改列定义，具体操作可参看修改数据表一节。

2. PRIMARY KEY 约束

PRIMARY KEY 列约束也称主键约束，用于规定表中被约束的列只能包含唯一的非 NULL 值。具有 PRIMARY KEY 约束的列不必指定 NOT NULL 约束。在一个表中只能有一个 PRIMARY KEY 约束。PRIMARY KEY 应该定义在表上没有定义任何 UNIQUE 约束的列上，因为如果同时定义了 PRIMARY KEY 约束和 UNIQUE 约束，就有可能会创建重复的索引或完全等价的索引，从而增加运行时不必要的开销。MySQL 也为主键约束提供了双重支持，既可以使用列级约束，写成：

```
DROP TABLE IF EXISTS USERS;
CREATE TABLE USERS(
    name VARCHAR(20) NOT NULL PRIMARY KEY,        #列级约束
    password VARCHAR(20) NOT NULL
);
```

也可以使用表级约束，写成：

```
DROP TABLE IF EXISTS USERS;
CREATE TABLE USERS(
```

```
    name VARCHAR(20) NOT NULL ,
    password VARCHAR(20) NOT NULL,
    PRIMARY KEY (name)                    #表级约束
);
```

但不能同时使用列级约束和表级约束定义 PRIMARY KEY，而且如果需要 2 个以上的字段作为联合主键时，只能使用表级约束进行定义。

【例 4.2.4】请编写创建用户表的 SQL 语句，其中 user_id 为主键，使用列级约束实现。

在"查询编辑器"选项卡中，输入以下 SQL 语句，其执行结果如图 4.2.5 所示。

```
DROP TABLE IF EXISTS USERS;
CREATE TABLE USERS(
    user_id int NOT NULL AUTO_INCREMENT PRIMARY KEY,
    name VARCHAR(20) NOT NULL ,
    password VARCHAR(20) NOT NULL,
    regTime timestamp NOT NULL DEFAULT CURRENT_TIMESTAMP
);
```

图 4.2.5　使用列级约束实现创建用户表

3. FOREIGN KEY 约束

FOREIGN KEY 约束也称外键约束，用于建立表间关系，它表明被外键修饰的字段在另一张表中（也称主表）是主关键字，使用外键约束可以保证数据的一致性和完整性。MySQL 为外键约束提供了有限的支持，目前只有 InnoDB 引擎支持外键约束，它要求所有关联表都必须是 InnoDB 型，而且不能是临时表，同时只支持表级约束实现，其定义语法格式如下：

```
[CONSTRAINT [symbol]] FOREIGN KEY
    [index_name] (index_col_name, ...)              #外键列
    REFERENCES tbl_name (index_col_name,...)        #引用列
    [ON DELETE reference_option]                    #删除时的关联操作方式
    [ON UPDATE reference_option]                    #修改时的关联操作方式
```

reference_option:
    RESTRICT | CASCADE | SET NULL | NO ACTION   #限制|级联|设空|无

【例 4.2.5】请编写创建日志表的 SQL 语句，其表结构见表 4.2.3。

表 4.2.3　日志表（LOGS）

序号	字段名	字段类型	是否为空	描述	备注
1	log_id	int	否	日志编号	主键，自动增长
2	user_id	int	否	用户 id	外键
3	msg	varchar(500)	否	操作内容	—
4	op_time	timestamp	否	日志时间	—

在"查询编辑器"选项卡中，输入以下 SQL 语句，其执行结果如图 4.2.6 所示。

```
DROP TABLE IF EXISTS LOGS;
CREATE TABLE LOGS(
    log_id int NOT NULL AUTO_INCREMENT PRIMARY KEY,
    user_id int NOT NULL ,
    msg VARCHAR(500) NOT NULL,
    op_time timestamp NOT NULL DEFAULT CURRENT_TIMESTAMP,
    FOREIGN KEY(user_id) REFERENCES USERS(user_id)          #表级约束
);
```

图 4.2.6　创建日志表

4. DEFAULT 约束

DEFAULT 约束用于向列中插入默认值。如果在操作数据时没有提供其他的值，那么会将默认值添加到记录中，DEFAULT 约束也只能是一个列约束，常用的默认值可以是数值、字符或日期，其中当前日期用 CURRENT_TIMESTAMP 关键字表示。

【例 4.2.6】请编写创建用户表的 SQL 语句，指定其注册日期的默认值为当前时间。

在"查询编辑器"选项卡中，输入以下 SQL 语句，其执行结果如图 4.2.7 所示。

```
DROP TABLE IF EXISTS LOGS;
DROP TABLE IF EXISTS USERS;
CREATE TABLE USERS(
    name VARCHAR(20) NOT NULL ,
    password VARCHAR(20) NOT NULL,
    regTime timestamp NOT NULL DEFAULT CURRENT_TIMESTAMP
);
```

说明：因示例 4.2.5 已创建引用 UESRS 表的外键，因此必须先删除 LOGS 表。

图 4.2.7　创建用户表

5. UNIQUE 约束

UNIQUE 约束要求该列中的所有值都是唯一的。定义 UNIQUE 约束的列不一定需要 NOT NULL 约束，在一个没有 NOT NULL 约束的列上有多个 NULL 值并不违背 UNIQUE 约束。实际上，NULL 值不等于任何值，包括 NULL 值本身。每一个 UNIQUE 列约束必须是针对没有 UNIQUE 或 PRIMARY KEY 约束的列。MySQL 为 UNIQUE 约束提供了列级和表级的双重支持，例如创建一个姓名不可重复的用户表，既可以使用列级约束，写成：

```
CREATE TABLE USER(
    name VARCHAR(20) NOT NULL UNIQUE,        #列级约束
    password VARCHAR(20) NOT NULL
);
```

也可以使用表级约束，写成：

```
CREATE TABLE user(
    name VARCHAR(20) NOT NULL ,
    password VARCHAR(20) NOT NULL,
    UNIQUE (name)                            #表级约束
);
```

4.2.4 数据表的管理

1. 修改数据表

ALTER TABLE 用于更改原有表的结构。例如，可以增加或删减列、创建或取消索引、更改原有列的类型、重新命名列或表，还可以更改表的评注和表的类型，语法格式如下：

```
ALTER [IGNORE] TABLE tbl_name
alter_specification [, alter_specification] ...
alter_specification:
ADD [COLUMN] column_definition [FIRST | AFTER col_name ]         #添加列
|ALTER [COLUMN] col_name {SET DEFAULT literal | DROP DEFAULT}    #修改默认值
|CHANGE [COLUMN] old_col_name column_definition                 #重命名列
        [FIRST|AFTER col_name]
| MODIFY [COLUMN] column_definition [FIRST | AFTER col_name]    #修改列类型
| DROP [COLUMN] col_name                                        #删除列
| RENAME [TO] new_tbl_name                                      #重命名该表
| ORDER BY col_name                                            #排序
| CONVERT TO CHARACTER SET charset_name [COLLATE collation_name]
                                                     #将字符集转换为二进制
| [DEFAULT] CHARACTER SET charset_name [COLLATE collation_name]
#修改默认字符集
| table_options
```

说明：

- tbl_name。该关键字表示表名。
- col_name。该关键字表示指定的列名。
- IGNORE。该关键字表示是 MySQL 相对于标准 SQL 的扩展。如果在修改后的新表中存在重复关键字而且没有指定 IGNORE，会操作失败。如果指定了 IGNORE，则对于有重复关键字的行只使用第一行，其他有冲突的行被删除。
- column_definition。该关键字表示定义列的数据类型和属性，具体内容在 CREATE TABLE 的语法中已作说明。
- ADD[COLUMN]子句。该子句表示向表中增加新列。例如，在表 users 中增加列 mail_addr 的 SQL 语句如下。

```
ALTER  TABLE  users  ADD  COLUMN  mail_addr  varchar(100);
```

- FIRST | AFTER col_name。该关键字表示表示在某列的前或后添加，不指定则添加到最后。
- ALTER [COLUMN]子句。该子句表示修改表中指定列的默认值。
- CHANGE [COLUMN]子句。该子句表示修改列的名称。重命名时，需给定旧的和新的列名和列当前的类型，old_col_name 表示旧的列名。在 column_definition 中定义新的列名和当前数据类型。例如，将 mail_addr 列的名称变更为 email 的 SQL 语句如下。

```
ALTER  TABLE  users  CHANGE  COLUMN mail_addr email varchar(100);
```

- MODIFY [COLUMN]子句。该子句表示修改指定列的数据类型。例如，将 email 列的数据类型改为 varchar(160)的 SQL 语句如下。

```
ALTER  TABLE  users  MODIFY  email varchar(160);
```

- DROP 子句。该子句表示从表中删除列或约束。例如，删除 email 列的 SQL 语句如下。

```
ALTER   TABLE   users      DROP email ;
```

- RENAME 子句。该子句表示修改该表的名称，new_tbl_name 是新表名。例如，将 users 改为 tbl_user 的 SQL 语句如下。

```
ALTER   TABLE   users   RENAME TO   tbl_user;
```

- ORDER BY 子句。该子句表示使表中的数据按指定的条件进行排序，使用该语句后可提高查询效率，但该顺序在执行数据的增、删、改操作后，有可能无法继续保持。
- table_options。该关键字表示修改表选项，具体定义与 CREATE TABLE 语句的一样。

可以在一个 ALTER TABLE 语句中写入多个 ADD、ALTER、DROP 和 CHANGE 子句，中间用逗号分开。

【例 4.2.7】请在例 4.2.6 基础上编写修改用户表的 SQL 语句，完成以下需求：

（1）在表 users 中增加列 mail_addr，数据类型为 varchar(100)。

（2）在表 users 中将 mail_addr 列的名称变更为 email。

（3）在表 users 中将 email 列的数据类型改为 varchar(160)。

（4）在表 users 中将删除列 email 列。

在"查询编辑器"选项卡中，输入以下 SQL 语句，其执行结果如图 4.2.8 所示。

```
ALTER   TABLE   users   ADD   COLUMN   mail_addr   varchar(100) ;
ALTER   TABLE   users   CHANGE   COLUMN mail_addr email varchar(100) ;
ALTER   TABLE   users   MODIFY   email varchar(160);
ALTER   TABLE   users   DROP email ;
```

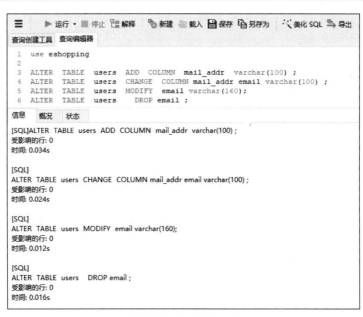

图 4.2.8　修改用户表

2．重命名数据表

除了上面的 ALTER TABLE 语句，还可以直接用 RENAME TABLE 语句来更改表的名称，其语法格式如下。

RENAME TABLE tbl_name TO new_tbl_name

说明：

- tbl_name。该关键字表示修改之前的表名。
- new_tbl_name。该关键字表示修改之后的表名。

3. 删除数据表

当一个表不再需要时，可以将其删除。删除一个表时，表的定义、表中的所有数据以及表的索引、触发器、约束等均被删除。

如果一个表被其他表通过外键约束引用，那么必须先删除定义外键约束的表，或删除其外键约束。当没有其他表引用时，这个表才能被删除；否则，删除操作就会失败。

删除表时可以使用 DROP TABLE 语句，其语法格式如下：

DROP [TEMPORARY] TABLE [IF EXISTS] tbl_name [, tbl_name] ..

说明：

- tb1_name。该关键字表示要被删除的表名。
- IF EXISTS。该关键字表示避免要删除的表不存在时出现错误信息。

【例 4.2.8】请编写 SQL 语句删除 USERS 表和 LOGS 表。

在"查询编辑器"选项卡中，输入以下 SQL 语句，其执行结果如图 4.2.9 所示。

DROP TABLE IF EXISTS LOGS;
DROP TABLE IF EXISTS USERS;

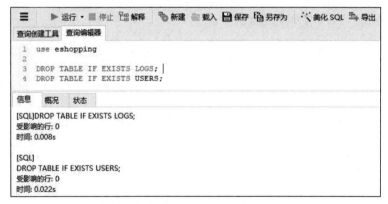

图 4.2.9　删除 USERS 表和 LOGS 表

【任务实施】

诚信科技公司需要为电商平台建立完整的数据库结构，将创建包括客户信息、产品、订单和订单明细在内的四个核心数据表。实现步骤如下。

步骤 1：创建客户信息表及其约束。

在"查询编辑器"选项卡中，输入以下 SQL 语句，其执行结果如图 4.2.10 所示。

DROP TABLE IF EXISTS customers;
CREATE TABLE customers (
    cust_id char(10) NOT NULL,
    cust_name varchar(50) NOT NULL,

```
    cust_country varchar(50) NOT NULL,
    cust_state varchar(50) NOT NULL,
    cust_city varchar(50) NOT NULL,
    cust_address varchar(50) NOT NULL,
    cust_tel varchar(20) NOT NULL,
    cust_sex char(2) NOT NULL DEFAULT '男',
    cust_date date NOT NULL,
    cust_idcard varchar(18) NOT NULL,
    cust_prof varchar(50) DEFAULT NULL,
    PRIMARY KEY (cust_id)
);
```

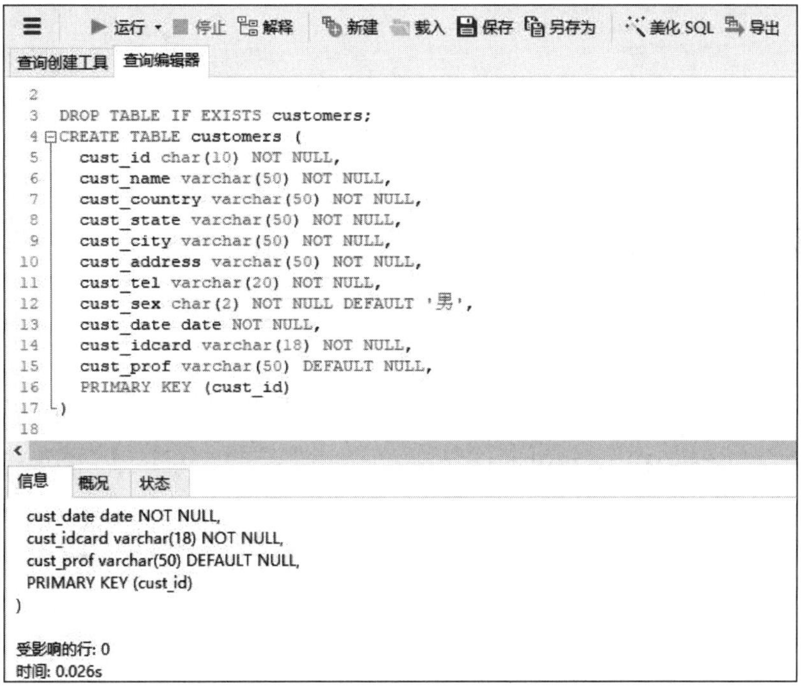

图 4.2.10　客户信息表创建结果

步骤 2：创建产品表及其约束。

在"查询编辑器"选项卡中，输入以下 SQL 语句，其执行结果如图 4.2.11 所示。

```
DROP TABLE IF EXISTS products;
CREATE TABLE products (
    prod_id char(10) NOT NULL,
    prod_name varchar(255) NOT NULL,
    prod_price decimal(8,2) NOT NULL,
    prod_category varchar(50) NOT NULL,
    prod_desc varchar(1000) DEFAULT NULL,
    PRIMARY KEY (prod_id)
);
```

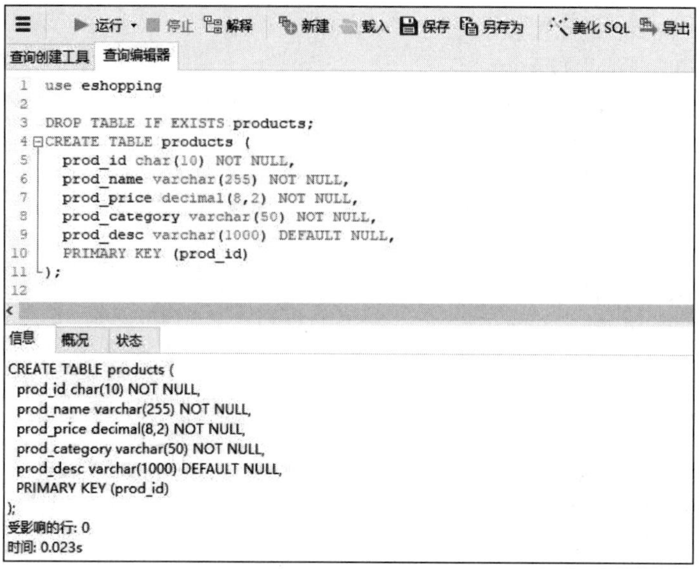

图 4.2.11 产品表创建结果

步骤 3： 创建订单表及其约束。

在"查询编辑器"选项卡中，输入以下 SQL 语句，其执行结果如图 4.2.12 所示。

```
DROP TABLE IF EXISTS orders;
CREATE TABLE orders (
    order_id INT NOT NULL AUTO_INCREMENT,
    order_date TIMESTAMP NOT NULL DEFAULT CURRENT_TIMESTAMP,
    cust_id CHAR(10) NOT NULL,
    total_price DECIMAL(8, 2) NOT NULL,
    PRIMARY KEY (order_id),
    FOREIGN KEY (cust_id) REFERENCES customers(cust_id)
);
```

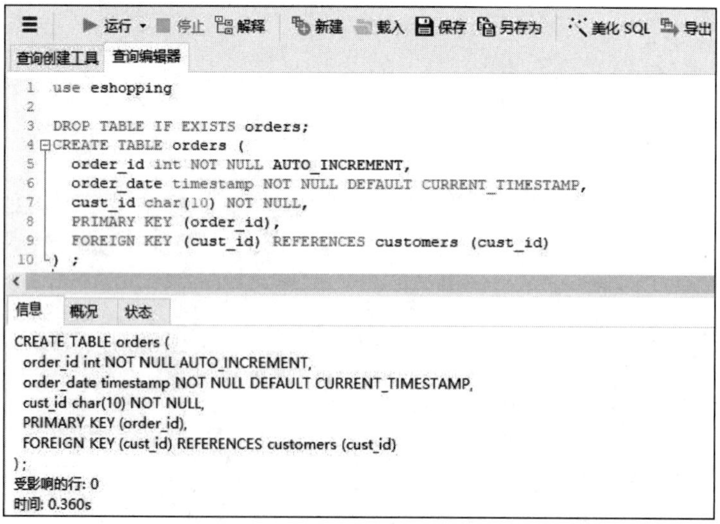

图 4.2.12 订单表创建结果

步骤 4：创建订单明细表及其约束。

在"查询编辑器"选项卡中，输入以下 SQL 语句，其执行结果如图 4.2.13 所示。

```
DROP TABLE IF EXISTS order_items;
CREATE TABLE order_items (
    item_id char(10) NOT NULL,
    order_id int NOT NULL,
    prod_id char(10) NOT NULL,
    item_quantity decimal(8,2) NOT NULL,
    item_price decimal(8,2) NOT NULL,
    PRIMARY KEY (item_id),
    FOREIGN KEY (order_id) REFERENCES orders (order_id),
    FOREIGN KEY (prod_id) REFERENCES products (prod_id)
);
```

图 4.2.13　订单明细表创建结果

【任务小结】

本任务主要完成 MySQL 数据表和数据约束的管理，重点介绍了 MySQL 中的数据类型、数据约束的相关知识，主要内容如下：

（1）MySQL 中的数据表查看和创建，详细介绍了 MySQL 中的常用数据类型。

（2）MySQL 中数据约束，详细介绍了非空约束、主键约束、外键约束、默认约束、唯一约束的创建和管理方式。

（3）MySQL 数据表的管理方式。

【课堂练习】

某职业学院现在计划开发一个档案管理系统数据库 LibraryDB，需要建立 4 个关系表，分

别为图书种类表、图书信息表、读者信息表、借阅记录表。

图书种类表（Category）：记录所有的图书种类，如科技、历史信息，每条记录代表一种类型的图书，具体见表 4.2.4。

表 4.2.4　图书种类表（Category）

列名	说明	类型	是否为空	主/外键	备注
Cate_ID	种类编号	int	是	主键	自增长
Cate_name	种类名称	varchar(20)	是	—	—

图书信息表（BookInfo）：记录所有图书的信息，每条记录代表一本图书，库存册数、借出数随借书、还书的行为而改变，具体见表 4.2.5。

表 4.2.5　图书信息表（BookInfo）

列名	说明	类型	是否为空	主/外键	备注
Book_ID	图书编号	int	是	主键	自增长
Cate_ID	种类编号	int	是	外键	Category 表关联 CateID
Book_Name	图书名称	varchar(20)	是	—	—
Author	作者	varchar(20)	是	—	—
unitsInStock	库存量	int	是	—	默认 5 本
lendcount	借出数	int	是	—	—

读者信息表（ReaderInfo）：记录所有读者的信息，每条记录代表一个读者，具体见表 4.2.6。

表 4.2.6　读者信息表（ReaderInfo）

列名	说明	类型	是否为空	主外键	备注
Reader_ID	读者编号	int	是	主键	自增长
name	读者名称	varchar(10)	是	—	—
expire_date	过期日	datetime	是	—	—

借阅信息表（BorrowInfo）：记录所有的借阅记录信息，每条记录代表一个读者借阅了一本书，借阅图书时如果这个读者借了同一本书且还没归还，就不允许再借这本书，具体见表 4.2.7。

表 4.2.7　借阅记录表（BorrowInfo）

列名	说明	类型	是否为空	主/外键	备注
Borrow_ID	借阅编号	int	是	主键	自增
Reader_ID	读者编号	int	是	外键	关联读者信息表的读者编号
Book_ID	图书编号	int	是	外键	关联图书信息表的图书编号

列名	说明	类型	是否为空	主/外键	备注
Borrow_Date	借入时间	datetime	是	—	默认当前时间
Return_Date	归还时间	datetime	否	—	—

请根据以上信息完成以下实训任务：

（1）使用 Navicat 连接 MySQL 服务器，创建数据库 LibraryDB。

（2）打开 LibraryDB 数据库。

（3）完成图书种类表和数据约束的创建任务。

（4）完成图书信息表和数据约束的创建任务。

（5）完成读者信息表和数据约束的创建任务。

（6）完成借阅信息表的数据约束的创建任务。

【课后习题】

一、填空题

1. MySQL 中查看数据库中数据表列表信息的语句是_____。

2. MySQL 中查看一个数据表结构信息的语句是_____。

3. MySQL 中创建数据表的语句是_____。

4. MySQL 中删除数据表的语句是_____。

二、简答题

1. 简述 MySQL 中主要的存储引擎有哪几类。

2. 简述 MySQL 中支持的数据约束有哪几类。

3. 什么是数据约束的列级实现，请举例说明。

三、实践题

假定有以下企业管理的员工管理数据库，数据库名为 EmpDB，各表结构见表 4.2.8～表 4.2.10。

表 4.2.8　员工信息表（Employees）

列名	说明	类型	可否为空	主/外键	备注
EmpID	员工编号	int	否	主键	自增
Name	姓名	varchar(10)	否	—	—
Education	学历	varchar(4)	否	—	—
Birthday	出生日期	date	否	—	—
Gender	性别	char(2)	否	—	默认男
PhoneNumber	电话号码	varchar(12)	是	—	—
DepID	员工部门号	int	否	外键	—

表 4.2.9　部门信息表（Departments）

列名	说明	类型	可否为空	主/外键	备注
DepID	部门编号	int	否	主键	自增
DepartName	部门名	varchar(20)	否	—	—
Note	备注	text	是	—	—

表 4.2.10　员工薪水表（Salary）

列名	说明	类型	可否为空	主/外键	备注
EmpID	员工编号	int	否	外键	—
Income	收入	float	否	—	—
OutCome	支出	float	否	—	—

（1）编写创建员工信息表和各类约束的 SQL 语句。

（2）编写创建部门信息表和各类约束的 SQL 语句。

（3）编写创建员工薪水表和各类约束的 SQL 语句。

任务 4.3　数 据 操 作

【任务目标】

请根据网上商城平台项目数据库的物理模型和测试数据，完成表 4.3.1～表 4.3.4 所示的数据管理任务。

表 4.3.1　客户信息表（customers）

客户编号	客户名称	国家	省	地市	地址	电话	性别	出生日期	身份证号	职业
C01	张天山	中国	辽宁	大连	大连理工学院学生宿舍 A 栋 301 室	11003111000	男	2005/05/01	440101200505011050	学生
C02	李珊珊	中国	辽宁	沈阳	沈阳理工学院学生宿舍 A 栋 202 室	11003111001	女	2005/10/01	31010120051001102X	学生
C03	陈吉	中国	辽宁	沈阳	沈阳理工学院学生宿舍 B 栋 306 室	11003111002	男	2003/06/01	310101200506011035	学生

表 4.3.2　商品信息表（products）

商品编码	商品名称	成本价格	商品类别	商品描述
P01	Mate60	4999.00	手机	华为 Mate60 9100 256G 炫目黑
P02	Mate50	4280.00	手机	华为 Mate50 9000S 64G 月光银
P03	小米 14S	3999.00	手机	小米 14S 骁龙 Gen2 256G
P04	IPhone15 Pro	8999.00	手机	苹果 IPhone 15S 256G
P05	华为 MateBook14	6488.00	电脑	MateBook14 I71260P 32G 1T

续表

商品编码	商品名称	成本价格	商品类别	商品描述
P06	联想 ThinkBook14+	6999.00	电脑	MateBook14 Ultra125 32G 1T
P07	联想 ThinkBook16+	7499.00	电脑	MateBook14 Ultra125 32G 1T

表 4.3.3　订单表（orders）

订单编号	订购日期	客户编号	总价
1	2024-06-18	C01	7499.00
2	2024-06-19	C02	11487.00
3	2024-06-20	C01	3999.00
4	2024-06-20	C01	8999.00

表 4.3.4　订单明细表（order_items）

订单明细编号	订单编号	商品编号	销售数量	销售价格
1	1	P07	1	7499.00
2	2	P01	1	4999.00
3	2	P05	1	6488.00
4	3	P03	1	3999.00
5	4	P04	1	8999.00

（1）分别在对应数据表插入以上测试数据。

（2）将陈吉的职业改为"职员"。

（3）查询商品信息表中的全部数据，按类别升序排序，同类别中按价格降序显示。

（4）统计订单表中的总记录数、总订单价格、最高单笔订单价、最低单笔订单价和平均订单价。

（5）显示辽宁区域用户购买的订单信息，要求显示订单时间、用户姓名、用户地址、订单总价。

【思政小课堂】

数据即资产，操作须规范。数据是对客观事物的性质、状态以及相互关系等进行记载的物理符号或是这些物理符号的组合。当数据经过整合、分析、加工后，具备了为企业创造价值的潜力，就可以被视为数据资产。以电商平台为例，平台通过对用户购买数据进行分析，构建用户画像，用于精准营销。这些经过分析处理后能够帮助企业提高销售额、降低成本、增强竞争力的用户画像数据就是数据资产。

数据资产能够为企业带来明确的经济利益，如增加收入、降低成本、提高效率等，因此在对数据进行操作时，要遵守操作规范，如不得随意修改、删除数据、不得伪造、篡改数据，不得泄露核心数据。

【知识准备】

4.3.1 数据管理

1. 插入数据

一旦创建了数据库和表，下一步就是向表中插入数据。通过 INSET 语句可以向表中插入一行或多行数据。

INSERT 语句的语法格式如下：

```
INSERT [LOW_PRIORITY | DELAYED | HIGH_PRIORITY] [IGNORE]
    [INTO] tbl_name [(col_name,...)]
    VALUES ({expr | DEFAULT},...),(...),...
    [ ON DUPLICATE KEY UPDATE col_name=expr, ... ]
```

说明：

- tbl_name。该关键字表示表名。

- col_name。该关键字表示需要插入数据的列名。如果要给全部列插入数据，列名可以省略。如果只给表的部分列插入数据，则需要指定这些列。对于没有指出的列，它们的值根据列默认值或有关属性来确定。MySQL 的处理方式如下：

  - 具有 INDENTITY 属性的列，系统生成序号值来唯一标志列。

  - 具有默认值的列，其值为默认值。

  - 没有默认值的列，若允许为空值，则其值为空值；若不允许为空值，则出错。

  - 类型为 timestamp 的列，系统自动赋值。

- VALUES 子句。该关键字表示包含各列需要插入的数据列表，数据的顺序要与列的顺序相对应。若 tbl_name 后不给出列名，则在 VALUES 子句中要给出每一列（除 INDENTITY 和 timestamp 类型的列）的值，如果列值允许为空，则值必须设为 NULL，否则将会报错。

  - expr 可以是一个常量、变量或一个表达式，也可以是空值 NULL，其值的数据类型要与列的数据类型一致。例如，列的数据类型为数值型，而插入的数据是 a，就会出错。当数据为字符型时要用单引号括起来。

  - 使用关键字 DEFAULT，明确地将所对应的列设为默认值，这样可以使语句更规范。

使用 INSERT 语句除了可以向表中插入一行数据，也可以插入多行数据，其语法格式如下：

```
INSERT [INTO] 表名[(列名 1，列名 2,...列名 N)]
VALUES (列值清单 1),(列值清单 2),...(列值清单 n)
```

插入的行可以给出每列的值，也可只给出部分列的值，此时系统将使用默认值。还可以向表中插入其他表的数据。通过使用 INSERT INTO ... SELECT ...语句快速地从一个或多个表中向一个表插入多行，其语法格式如下：

```
INSERT [LOW_PRIORITY | HIGH_PRIORITY] [IGNORE]
    [INTO] tbl_name [(col_name,...)]
    SELECT ...
    [ ON DUPLICATE KEY UPDATE col_name=expr,...]
```

【例 4.3.1】请在商品信息表中插入 1 条测试数据，内容见表 4.3.5。

表 4.3.5　产品信息表测试数据

商品编码	商品名称	成本价格	商品类别	商品描述
T01	HUAWEI MatePad11	1199.00	平板	华为 MatePad11 64G

在"查询编辑器"选项卡中，输入以下 SQL 语句，其执行结果如图 4.3.1 所示。

INSERT INTO products (prod_id,prod_name,prod_price,prod_category,prod_desc)
VALUES('T01','HUAWEI MatePad11',1199.00,'平板','华为 MatePad11 64G');

图 4.3.1　在商品信息表中插入 1 条测试数据

【例 4.3.2】请在商品信息表中插入 2 条测试数据。

在"查询编辑器"选项卡中，输入以下 SQL 语句，其执行结果如图 4.3.2 所示。

INSERT INTO products (prod_id,prod_name,prod_price,prod_category,prod_desc)
VALUES('T02','HUAWEI MatePad11',1699.00,'平板','华为 MatePad11 128G'),
　　　　('T03','HUAWEI MatePad11',2199.00,'平板','华为 MatePad11 256G');

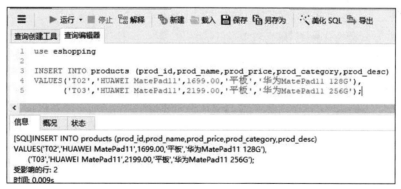

图 4.3.2　在商品信息表中插入 2 条测试数据

●练一练　请在客户信息表中插入 1 条测试数据。

2. 修改数据

要修改表中的一行数据，可以使用 UPDATE 语句修改一个表或多个表，其语法格式如下：

UPDATE [LOW_PRIORITY] [IGNORE] tbl_name
　　SET col_name1=expr1 [, col_name2=expr2 ...]
　　[WHERE where_definition]

```
[ORDER BY ...]
[LIMIT row_count]
```

说明：

- SET 子句：根据 WHEREE 中指定的条件对符合条件的数据进行修改。col_name1、col_name2...为要修改的列，expr1、expr2…可以是常量、变量或表达式。可同时修改多个列，中间用逗号隔开。
- WHERE 子句：指定修改的条件，如果没有 WHERE 子句，则修改表中的所有记录，通常情况下推荐指定 WHERE 条件，明确修改记录的范围，当有多个条件限定时，需要使得逻辑运算符进行连接，其中 AND 表示与连接，OR 表示或连接，具体用法请参考多条件查询一节内容。

【例 4.3.3】请在商品信息表中将 T01 号商品信息修改，见表 4.3.6。

表 4.3.6　产品信息表测试数据（products）

商品编码	商品名称	成本价格	商品类别	商品描述
T01	HUAWEI MatePad12	1399.00	平板	华为 MatePad12 64G

在"查询编辑器"选项卡中，输入以下 SQL 语句，其执行结果如图 4.3.3 所示。

```
UPDATE products
SET prod_name = 'HUAWEI MatePad12',prod_price = 1399,
    prod_desc = '华为 MatePad12 64G'
WHERE prod_id = 'T01';
```

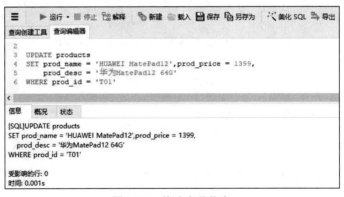

图 4.3.3　修改商品信息

●练一练　请将商品信息表中商品编码是 T02 的商品价格改为 1599.00。

3. 删除数据

DELETL 语句或 TRUNCATE 语句可以用于删除表中的一行或多行数据。

（1）DELETE 语句。

从单个表中删除数据，其语法格式如下：

```
DELETE [LOW_PRIORITY] [QUICK] [IGNORE] FROM tbl_name
    [WHERE where_definition]
    [ORDER BY ...]
    [LIMIT row_count]
```

说明：

- QUICK 关键字：用于加快部分类型删除操作的速度。
- FROM 子句：用于指明从何处删除数据，tbl_name 关键字表示待删除数据的表的名称，注意在 MySQL 中该关键字不可省略。
- WHERE 子句：用于指明删除时的过滤条件，如果不指明，则默认为删除全部数据。
- ORDER BY 子句：各行按照指定的顺序删除，此子句只在与 LIMIT 子句联用时才起作用。
- LIMIT 子句：用于控制删除的最多记录数。

（2）TRUNCATE 语句。

使用 TRUNCATE 语句删除指定表中的所有数据，因此也称其为清除表数据语句，其语法格式如下：

```
TRUNCATE [TABLE] tbl_name
```

说明：由于 TRUNCATE 语句将删除表中的所有数据，且无法恢复，因此必须小心使用。TRUNCATE 语句在功能上与不带 WHERE 子句的 DELETE 语句相同，二者均删除表中的全部记录，但 TRUNCATE 语句比 DELETE 语句速度快，且使用的系统和事务日志资源少。DELETE 语句每次删除一条记录，都需在事务日志中记录。而 TRUCATE 语句通过释放存储表数据所用的数据页来删除数据，并且只在事务日志中记录释放操作。使用 TRUNCATE 语句，AUTO_INCREMENT 计数器将被重新设置为初始值。

【例 4.3.4】请在商品信息表中将 T03 号商品信息删除。

在"查询编辑器"选项卡中，输入以下 SQL 语句，其执行结果如图 4.3.4 所示。

```
DELETE FROM products
WHERE prod_id = 'T03';
```

图 4.3.4　删除 T03 号商品信息

4.3.2　数据简单查询

查询是数据库中最常见的操作任务，可以使用 SELECT 语句来完成，实现从一个或多个表中选择特定的行和列数据，生成一个临时表的结果，其语法格式如下：

```
SELECT column_name [AS] column_alias      #字段或字段别名列表
FROM    table_reference [,table_reference] ……   #表的列表
WHERE   where_condition                    #条件列表
```

说明：

- 字段列表必不可少，可以是表中的字段名，多个字段之间用逗号分隔；也可以是表达

式列表，表示列名，函数或常数。
- 表的列表可以是表名，也可以是视图名，或者某个查询的返回的临时表
- 条件列表用于给出限制查询的条件或多个表的连接条件。

1. 显示表的所有列

在字段列表中使用*表示查询 FROM 子句指定表的所有字段。

【例 4.3.5】编写 SQL 语句查询商品信息表中的全部数据。

在"查询编辑器"选项卡中，输入以下 SQL 语句，其执行结果如图 4.3.5 所示。

```
SELECT * FROM products;
```

图 4.3.5　查询商品信息表中的全部数据

2. 查询指定列

SELECT 语句中的 SELECT select_expr 子句用来指定需要查询的列。使用 SELECT 语句选择一个表中的某些列，各列名之间要以逗号分隔。

3. 定义列的别名

可以在 SELECT column_name 子句中使用 AS 子句来定义查询结果的列别名，其语法格式如下：

```
SELECT column_name [AS] column_alias
```

别名是字母或数字时，可以省略定界符"'"，但别名中含有如空格等特殊字符时，必须使用定界符"'"，同时要注意在 WHERE 子句中不能使用列别名，如，以下查询为非法的：

```
SELECT prod_id,id FROM products WHERE id='T01';
```

【例 4.3.6】编写 SQL 语句查询商品信息表中的商品编号、商品名称和商品价格，并将其列名重命名为中文。

在"查询编辑器"选项卡中，输入以下 SQL 语句，其执行结果如图 4.3.6 所示。

```
SELECT prod_id as '商品编号',prod_name as '商品名称',prod_price as '商品价格'
FROM products;
```

4. 使用计算列

在查询数据时，有时需要对查询结果进行计算，在 SELECT 语句中可以使用算术运算符（+、-、*、/、%）等来对结果进行计算。

【例 4.3.7】编写 SQL 语句查询商品信息表中的商品编号、商品名称和商品价格，计算8.5 折促销价格，并将其列名重命名为中文。

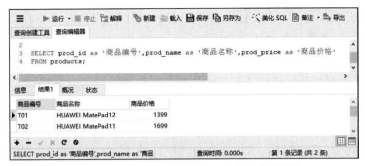

图4.3.6　查询商品编号、商品名称和商品价格

在"查询编辑器"选项卡中，输入以下SQL语句，其执行结果如图4.3.7所示。

SELECT prod_id as '商品编号',prod_name as '商品名称',
prod_price as '商品价格'
FROM products;

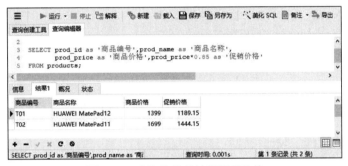

图4.3.7　查询信息并计算促销价格

5. 消除结果中重复列

使用DISTINCT关键字可以消除SELECT查询结果的重复列，其语法格式如下：

SELECT [ALL | DISTINCT] column list

ALL关键字表示显示全部数据，是默认选项。

【例4.3.8】编写SQL语句查询商品信息表中不重复的全部类别。

在"查询编辑器"选项卡中，输入以下SQL语句，其执行结果如图4.3.8所示。

SELECT prod_id as '商品编号',prod_name as '商品名称',
prod_price as '商品价格'
FROM products;

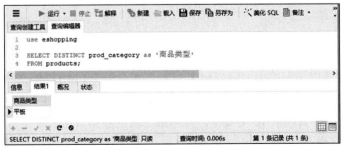

图4.3.8　查询商品信息表中不重复的全部类别

6. 替换查询结果

在查询时，有时需要对查询结果进行替换，如某些数据表设计中将性别采用整数存储，其值为 1 表示男性，其值为 2 表示女性，因此在查询性别时，希望将查询结果显示为男或女，而不是存储的 1 和 2。要替换查询结果中的数据，可以使用查询中的 CASE 语句，格式如下：

```
CASE
    WHEN  条件 1 THEN 表达式 1
    WHEN  条件 2 THEN 表达式 2
    ......
    ELSE  表达式
END
```

【例 4.3.9】编写 SQL 语句，为查询商品信息表的结果中添加价格标签，其中低于 1000 标注为"学生首选"，1000-2000 的标注为"职场必选"。

在"查询编辑器"选项卡中，输入以下 SQL 语句，其执行结果如图 4.3.9 所示。

```
SELECT prod_id,prod_name,CASE
        WHEN prod_price <1000 THEN '学生首选'
        WHEN prod_price <2000 THEN '职场必选'
    END as '价格标签'
FROM products;
```

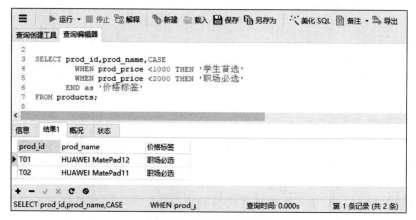

图 4.3.9　添加价格标签

7. 限制返回结果数量

在查询时，如果只希望返回结果的部分记录行，可使用 LIMIT 子句来限定，其语法格式如下：

```
LIMIT  行数
```

或

```
LIMIT  起始行数,返回的记录行数
```

LIMIT 关键字常用于实现排行榜的相关业务功能，同时 LIMIT 关键字还通常用于实现分页查询。如果是每页显示 N 条数据，显示第 m 页的数据，可以使用以下公式：LIMIT (m-1)*N,N。如查询 products 表，每页显示 10 条数据，显示第 2 页的数据，可以使用以下语句查询：

```
SELECT * FROM products
LIMIT 10,10
```

说明：第 1 个 10 表示起始行数，第 2 个 10 表示每页记录数。

【例 4.3.10】编写 SQL 语句，查询商品信息表中的数据，每页显示一条数据，显示第 2 页的数据，即显示商品编码是 T02 的商品信息。

在"查询编辑器"选项卡中，输入以下 SQL 语句，其执行结果如图 4.3.10 所示。

```
SELECT * FROM products
LIMIT 1,1
```

图 4.3.10　查询并分布显示商品信息

8．使用 WHERE 子句限制查询条件

WHERE 子句用于限制查询结果的数据行，WHERE 后面是条件表达式，查询结果必须是满足条件表达式的记录行。条件表达式通常由一个或多个逻辑表达式组成，而逻辑表达式则常常涉及比较运算符、逻辑运算符、范围比较、模式匹配、空值比较等。

（1）比较运算符。比较运算符用于比较两个表达式的值，MySQL 支持的比较运算符有=（等于）、<（小于）、<=（小于等于）、>（大于）、>=（大于等于）、<=>（空安全等于）、<>（不等于）、!=（不等于）等。

比较运算的语法格式如下：

```
expression { =|<|<=|>|>=|<=>|<>|!=} expression
```

其中，expresion 是除 TEXT 和 BLOB 类型外的表达式，其比较运算规则如下：

1）当两个表达式值均不为空值（NULL）时，除了"<=>"运算符，其他比较运算返回逻辑值。

2）当两个表达式值中有一个为空值或都为空值时，将返回 UNKOWN。

3）"<=>"（空安全等于）是 MySQL 特有的等于运算符，当两个表达式彼此相等或都等于空值时，它的值为 TRUE，其中有一个空值或都是非空值但不相等时，其值为 FALSE，没有返回 UNKNOWN 的情况。

4）比较运算符的结果还可以通过逻辑运算符进行组合，形成复杂的条件表达式。

【例 4.3.11】编写 SQL 语句，查询商品信息表中商品编码是 T02 的商品信息。

在"查询编辑器"选项卡中，输入以下 SQL 语句，其执行结果如图 4.3.11 所示。

```
SELECT *
FROM products
WHERE prod_id='T02'
```

图 4.3.11　查询商品编码为 T02 的商品信息

（2）逻辑运算符。在 SQL 语句中，可以使用逻辑运算符将多个查询条件组成更为复杂的查询条件，SQL 语句支持的逻辑运算符有 AND（与）、OR（或）、NOT（非）、XOR（异或），具体见表 4.3.7。

表 4.3.7　逻辑运算符

运算符	表达式	作用
AND	A AND B	表达式 A、B 均为真时，整个表达式结果为真
OR	A OR B	表达式 A 或 B 为真时，整个表达式结果为真
NOT	NOT A	A 为真时，整个表达式结果为假 A 为假时，整个表达式结果为真
XOR	A XOR B	表达式 A、B 的值不一致时，整个表达式结果为真

【例 4.3.12】编写 SQL 语句，查询商品信息表中价格在 1500 元以下的平板商品信息。

在"查询编辑器"选项卡中，输入以下 SQL 语句，其执行结果如图 4.3.12 所示。

```
SELECT *
FROM products
WHERE prod_category='平板' AND prod_price<=1500
```

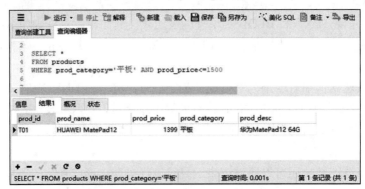

图 4.3.12　查询价格在 1500 元以下的平板商品信息

（3）范围比较。用于范围比较的关键字有两个：BETWEEN 和 IN。当要查询的条件是某个值的范围时，可以使用 BETWEEN 关键字。BETWEEN 关键字指出查询范围，其语法格式如下：

表达式 [NOT] BETWEEN 条件 1 AND 条件 2

在不使用 NOT 关键字时，如果条件的值在条件 1 和条件 2 之间，返回 TRUE，否则返回 FALSE。如果使用 NOT 关键字，则返回值相反。注意条件 1 的值要小于条件 2 的值，BETWEEN 关键字计算时会包含条件 1 和条件 2，相当于：

表达式 >= 条件 1 AND　表达式 <= 条件 2

使用 IN 关键字可以指定一个值表，值表中列出所有可能的值，当与值表中的任何一个匹配时，返回 TRUE，否则返回 FALSE。使用 IN 关键字指定值表的语法格式如下：

表达式 IN (值列表 [,...n])

【例 4.3.13】编写 SQL 语句，查询商品信息表中价格在 1500 元和 2000 元之间的商品。

在"查询编辑器"选项卡中，输入以下 SQL 语句，其执行结果如图 4.3.13 所示。

```
SELECT *
FROM products
WHERE prod_price BETWEEN 1500 AND 2000;
```

图 4.3.13　查询价格在 1500 元和 2000 元之间的商品

（4）模式匹配。模式匹配主要用于模糊查询，当无法给出精确的查询条件时，只能通过给定部分信息进行查询，查询信息不要求与列值完全相等。在 SQL 中可以 LIKE 运算符实现模糊查询，LIKE 运算符用于指出一个字符串是否与指定的字符串相匹配，其运算对象可以是 CHAR、VARCHAR、TEXT、DATETIME 等类型的数据，返回逻辑值 TRUE 或 FALSE。

使用 LIKE 运算符进行模式匹配时，常使用特殊符号"%"和"_"进行模糊查询，"%"代表 0 个或多个字符，"_"代表单个字符。还可以使用 ESCAPE 关键字指定查询时使用的转义字符，其基本语法格式为：

表达式 [NOT] like 表达式

模式匹配示例表见表 4.3.8。

表 4.3.8　模式匹配示例表

序号	示例	说明
1	name LIKE '张%'	查询所有姓张的用户
2	name LIKE '_山'	查询所有名字为 2 个字，且最后一个字是山字的用户
3	name LIKE '%立%'	查询所有名字有立字的用户信息
4	prod_name LIKE '%#_%' ESCAPE '#'	查询产品名称中有"_"的商品信息，ESCAPE 指定"#"是转义符，使得"_"失去原有的作用

【例 4.3.14】编写 SQL 语句，查询商品信息表中商品名称包括 MatePad12 的商品。

在"查询编辑器"选项卡中，输入以下 SQL 语句，其执行结果如图 4.3.14 所示。

```
SELECT *
FROM products
WHERE prod_name like '%MatePad12%';
```

图 4.3.14　查询商品名称包括 MatePad12 的商品

（5）空值比较。当需要判定一个表达式的值是否为空值时，应使用 IS NULL 关键字，其语法格式如下：

表达式 IS [NOT] NULL

当不使用 NOT 关键字时，若表达式的值为空值，返回 TRUE，否则返回 FALSE；当使用 NOT 关键字时，结果相反。

9. 使用函数查询数据

函数是完成特定功能的一组 SQL 语句的集合，在数据查询时经常会使用函数来完成一些复杂运算，MySQL 中提供了丰富的内置函数，如字符串函数、日期时间函数和聚合函数等。

（1）字符串函数。字符串函数主要针对字符型数据进行操作和运算，实际开发中为了实现某些特定功能，经常需要对字符型数据进行处理，此时就需要使用字符串函数。MySQL 中字符型数据必须使用单引号括起来，常用的字符串函数见表 4.3.9。

表 4.3.9　常用字符串函数

函数	功能	示例
ASCII()	返回字符串中最左边字符的 ASCII 码值，如参数为 NULL，则返回 NULL	SELECT ASCII('A'); 返回 65 SELECT ASCII(NULL); 返回 NULL
CHAR()	将指定的 ASCII 码值转换为对应的字符	SELECT CHAR(65); 返回 'A' SELECT CHAR(65,66,67); 返回 'ABC'
LEFT()	从字符串左边开始提取指定长度的子字符串	SELECT LEFT('Hello World', 5); 返回 'Hello'
RIGHT()	从字符串右边开始提取指定长度的子字符串	SELECT RIGHT('Hello World', 5); 返回 'World'

续表

函数	功能	示例
TRIM()	去除字符串两端的空格（默认）或指定的字符	SELECT TRIM(' Hello '); 返回 'Hello'
REPLACE()	在字符串中，用新的字符串替换所有出现的旧字符串	SELECT REPLACE('Hello World', 'World', 'MySQL'); 返回 'Hello MySQL'
SUBSTRING()	从字符串中提取指定位置和长度的子字符串	SELECT SUBSTRING('telephone', 5, 5); 返回 'phone'
CONCAT()	将多个字符串连接成一个字符串	SELECT CONCAT('Hello', ' ', 'World'); 返回 'Hello World'
LENGTH()	返回字符串的长度	SELECT LENGTH('Hello World'); 返回 11

【例 4.3.15】编写 SQL 语句，使用字符串函数将手机号码中间 4 位数字替换成*号。

说明： 完成本题需读者自行完成 customers 表的创建和测试数据插入。

在"查询编辑器"选项卡中，输入以下 SQL 语句，其执行结果如图 4.3.15 所示。

```
SELECT cust_name,cust_tel,
       CONCAT(LEFT(cust_tel,3),'****',RIGHT(cust_tel,4)) as '电话号码'
FROM customers
```

图 4.3.15　使用字符串函数将手机号码中间 4 位数字替换成*号

（2）日期时间函数。日期时间函数主要针对日期时间型数据进行操作和运算，常用的日期时间函数见表 4.3.10。

表 4.3.10　常用日期时间函数

函数	功能	示例
NOW()	返回当前日期和时间	SELECT NOW(); 返回 2024-10-10 12:30:00
CURTIME()	返回当前时间，不包含日期部分	SELECT CURTIME(); 返回 12:30:00
CURDATE()	返回当前日期，不包含时间部分	SELECT CURDATE(); 返回 2024 - 10 - 10
YEAR(date)	从给定的日期中提取年份	SELECT YEAR(NOW()); 返回当前年份
MONTH(date)	从给定的日期中提取月份	SELECT MONTH(NOW()); 返回当前月份

函数	功能	示例
WEEK(date[, mode])	返回日期是一年中的第几周，mode 参数可指定周计算方式	SELECT WEEK('2024-01-02');根据默认模式返回该日期是当年的第几周
HOUR(time)	从给定的时间中提取小时数	SELECT HOUR('12:30:00');返回 12
MINUTE(time)	从给定的时间中提取分钟数	SELECT MINUTE('12:30:00');返回 30
SECOND(time)	从给定的时间中提取秒数	SELECT SECOND('12:30:00');返回 00
DATEDIFF(date1, date2)	计算两个日期之间的差值（通常以天为单位）	SELECT DATEDIFF('2024-11-15', '2024-11-10');返回 5
DATEADD(datepart, number, date)	在给定日期上添加指定数量的时间间隔（如天、月、年等），datepart 可以是 DAY、MONTH、YEAR 等	SELECT DATEADD(DAY, 5, '2024-11-10');返回在 2024 年 11 月 10 日基础上加 5 天的日期，即 2024-11-15

【例 4.3.16】编写 SQL 语句，使用日期时间函数计算客户的出生天数。

说明：完成本题需读者自行完成 customers 表的创建和测试数据插入。

在"查询编辑器"选项卡中，输入以下 SQL 语句，其执行结果如图 4.3.16 所示。

```
SELECT cust_name,cust_date,datediff(now(),cust_date)
FROM customers
```

图 4.3.16　使用日期时间函数计算客户的出生天数

（3）聚合函数。聚合函数常用于对一组值进行计算，然后返回单个值，因此也称为统计函数。除 COUNT() 函数外，聚合函数都会忽略空值。聚合函数通常与 GROUP BY 子句一起使用。如果 SELECT 语句中有一个 GROUP BY 子句，则这个聚合函数对所有列起作用，如果没有，则 SELECT 语句只产生一行作为结果。表 4.3.11 列出了 MySQL 中的常用聚合函数。

表 4.3.11　常用聚合函数

函数	功能	示例
COUNT(column_name)	统计指定列中非空值的数量	SELECT COUNT(*) AS order_nums FROM orders; *表示统计所有行，也可以指定具体列名，如 COUNT(order_id) 统计 order_id 列非空值的数量
SUM(column_name)	计算指定列中数值的总和	计算总销售额：SELECT SUM(total_price) AS total_sales FROM orders;

续表

函数	功能	示例
MIN(column_name)	返回指定列中的最小值	找出最低价格的产品： SELECT MIN(prod_price) AS lowest_price FROM products;
MAX(column_name)	返回指定列中的最大值	找出最高价格的产品： SELECT MAX(prod_price) AS highest_price FROM products;
AVG(column_name)	计算指定列中数值的平均值	计算产品的平均价格： SELECT AVG(prod_price) AS average_price FROM products;

4.3.3 数据复杂查询

简单查询主要是针对一张表完成的数据查询，复杂查询通常指涉及多张表的查询任务，实现复杂查询有两种方式：通过连接查询实现、通过子查询实现。

1. 连接查询

连接查询是通过各个表之间的公共列的关联实现多表数据查询，分为交叉连接（CROSS JOIN）、内连接（INNER JOIN）、外连接（OUTER JOIN）。

（1）交叉连接。交叉连接是指第一个表的所有行与第二个表的所有行一一组合来构成查询结果，产生的结果记录数是两个表记录行数的乘积，这样的乘积也称笛卡尔积。交叉连接可以通过直接写出表名或使用 CROSS JOIN 关键字两种方式实现。在实际工作中交叉连接会导致查询的记录行数数量过大，因此要注意避免进行交叉连接。

【例 4.3.17】编写 SQL 语句，实现客户信息表和订单表的交叉连接。

说明：完成本题需读者自行完成 customers 表、orders 表的创建和测试数据插入，其中 customers 表有 3 条测试数据，orders 表有 4 条测试数据，因此实现两表的交叉连接将获得 12 条返回数据。

在"查询编辑器"选项卡中，输入以下 SQL 语句，其执行结果如图 4.3.17 所示。

```
SELECT * FROM customers,orders;          #方式一：直接写表名
SELECT * FROM customers CORSS JOIN orders;   #方式二：用 CORSS JOIN 连接
```

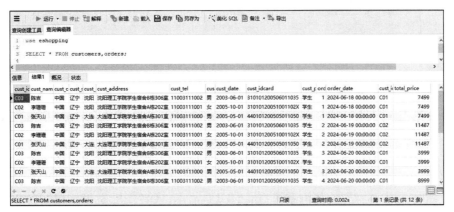

图 4.3.17 实现客户信息表和订单表的交叉连接

（2）内连接。在交叉连接查询结果的基础上，只保留满足条件的数据行，去除不满足条件的数据行的连接方式称为内连接，内连接可以通过在 WHERE 子句中指明连接条件实现或使用 INNER JOIN 关键字来实现。实现内连接时当查询的公共列在多个表中存在时，需使用"表名.列名"方式指明具体表和列进行区分。

【例 4.3.18】编写 SQL 语句，实现客户信息表和订单表的内连接，显示每个订单的客户名称和联系电话。

在"查询编辑器"选项卡中，输入以下 SQL 语句，其执行结果如图 4.3.18 所示。

```
#方式一：使用 INNER JOIN 关键字实现内连接
SELECT o.order_id,c.cust_name,o.order_date,o.total_price,c.cust_tel
FROM customers c INNER JOIN orders o
    ON c.cust_id =o.cust_id;

#方式二：使用 WHERE 子句指定查询连接条件
SELECT o.order_id,c.cust_name,o.order_date,o.total_price,c.cust_tel
FROM customers c , orders o
WHERE c.cust_id =o.cust_id;
```

说明：

- 完成本题需读者自行完成 customers 表、orders 表的创建和测试数据插入。
- customers c 表示为客户信息表定义了别名 c，以便简化对 customers 表的引用，orders o 的定义也是同样原因。
- INNER JOIN 关键字需要配合 ON 关键字使用，指定连接条件，本例中连接条件是客户信息表和订单表的 cust_id 需相等。

图 4.3.18　显示每个订单的客户名称和联系电话

（3）外连接。内连接只保留满足条件的数据行，但某些情况下，需要保留部分被内连接删去的数据，此时需要使用外连接。外连接是指需保留满足内连接下的记录和部分不满足连接条件的记录方式。

根据外连接需保存的记录是出现在连接关键字的左边还是右边，可以将保留左表记录的称为左外连接 LEFT OUTER JOIN，保留右表记录的称为右外连接 RIGHT OUTER JOIN，在包含部分的记录行中不存在的信息系统将用 NULL 显示，OUTER 关键字在编写 SQL 语句时可省略。

【例 4.3.19】编写 SQL 语句，显示每笔订单的客户编号、客户名称、订单 ID、订单时间和总价，对于没有订购记录的客户，订单信息用 NULL 显示。

在"查询编辑器"选项卡中，输入以下 SQL 语句，其执行结果如图 4.3.19 所示。

```
SELECT c.cust_id,c.cust_name,o.order_id,o.order_date,o.total_price
FROM customers c LEFT OUTER JOIN orders o
    ON c.cust_id =o.cust_id;
```

说明：

- 完成本题需读者自行完成 customers 表、orders 表的创建和测试数据插入。
- LEFT OUTER JOIN 关键字表示在显示全部满足连接条件的记录外，还需要显示左表的相关数据，即客户 ID 和客户名称，本例中连接条件是客户信息表和订单表的 cust_id 需相等。

图 4.3.19　显示每笔订单的客户编号

2. 子查询

查询条件分为两步或两步以上，先执行的查询结果作为下一步查询的条件，称为子查询。子查询可以在 SELECT INSERT UPDATE 语句或 DELETE 语句中使用，根据子查询的实现方式，可以分为 3 类：IN 子查询、比较子查询和 EXISTS 子查询。

（1）IN 子查询。使用 IN 运算符可以判断一个给定值是否存在于子查询结果集中，如需要表示不存在，可使用 NOT 关键字。

【例 4.3.20】编写 SQL 语句，查询客户张天山的全部订单信息。

在"查询编辑器"选项卡中，输入以下 SQL 语句，其执行结果如图 4.3.20 所示。

```
SELECT *
FROM orders
WHERE cust_id   in (
  SELECT cust_id
  FROM customers
  WHERE cust_name='张天山'
)
```

说明：

- 完成本题需读者自行完成 customers 表、orders 表的创建和测试数据插入。
- 本题需先完成根据客户名称"张天山"在客户信息表中查询其客户编号，再根据客户编号在订单表中查询其全部订单信息，这里使用 IN 子查询实现了客户编号的检测。

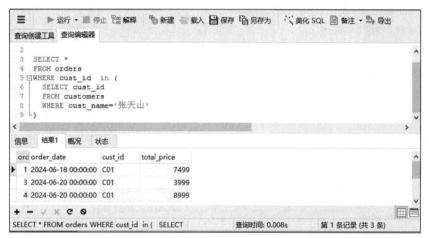

图 4.3.20　查询客户张天山的全部订单信息

（2）比较子查询。比较子查询是 IN 子查询的扩展，通过表达式和比较运算符 (ALL | SOME | ANY)来实现对子查询返回结果的比较，其中：

1）关键字 ALL 表示表达式与查询结果集中的每个值进行比较，只有全部满足条件才返回 TRUE。

2）关键字 SOME 和 ANY 表示表达式只要和子查询结果集中的某个（些）值满足条件，就可以返回 TRUE。

【例 4.3.21】编写 SQL 语句，查询比所有电脑价格都高的商品信息。

在"查询编辑器"选项卡中，输入以下 SQL 语句，其执行结果如图 4.3.21 所示。

```
SELECT *
FROM products
WHERE prod_price > ALL(
    SELECT prod_price
    FROM products
    WHERE prod_category = '电脑'
)
```

说明：

- 完成本题需读者自行完成 products 表的创建和测试数据插入。
- 本题需先完成根据商品类别"电脑"在产品信息表中查询所有电脑商品的价格信息，再在产品信息表查出高于全部电脑价格的商品信息，这里使用比较子查询再配合 ALL 关键字，实现了查询要求。

（3）EXISTS 子查询。EXISTS 子查询关注的是子查询中是否有记录返回，如果子查询有记录返回，则返回 TRUE，否则返回 FALSE。

图 4.3.21 查询比所有电脑价格都高的商品信息

【例 4.3.22】编写 SQL 语句，查询订单金额在 10000 元以上的用户信息。

在"查询编辑器"选项卡中，输入以下 SQL 语句，其执行结果如图 4.3.22 所示。

```
SELECT *
FROM customers c
WHERE EXISTS (
    SELECT *
    from orders
    WHERE cust_id=c.cust_id AND total_price > 10000
)
```

说明：

- 完成本题需读者自行完成 customers 表、orders 表的创建和测试数据插入。
- 本题需先根据订单总价在 10000 元以上，且客户编号与客户信息表中的客户编号一致的条件进行查询。这里为区分公共列客户编号，需为外部查询中的客户信息表定义别名 c，以便引用。

图 4.3.22 查询订单金额在 10000 元以上的用户信息

3. 排序与分组

（1）排序。排序就是按一定顺序显示查询结果。SELECT 语句的查询结果如果不使用

ORDER BY 子句，结果中记录的顺序是不可预料的。而使用 ORDER BY 子句后可以保证结果中的行按给定的顺序排列。ORDER BY 子句的语法格式如下：

ORDER BY {col_name | expr | position| [ASC | DESC],……

ORDER BY 子句后可以是列、表达式或正整数。使用正整数表示按 SELECT 子句中该位置上的列进行排序。例如，ORDER BY3 表示对 SELECT 的子句中的第 3 个字段进行排序。关键字 ASC 表示升序，DESC 表示降序，系统默认值为 ASC。

当前一级排序结果一致，需指定另一排序字段，各排序字段使用逗号分隔，并分别支持升降序排序，优先级为从左到右。

【例 4.3.23】按价格降序显示商品信息。

在"查询编辑器"选项卡中，输入以下 SQL 语句，其执行结果如图 4.3.23 所示。

```
SELECT *
FROM products
ORDER BY prod_price DESC
```

说明：

- 完成本题需读者自行完成 products 表的创建和测试数据插入。
- ORDER BY prod_price DESC 子句表示按产品价格降序显示。

图 4.3.23　按价格降序显示商品信息

（2）分组。在查询时，经常需要将查询对象按一定条件划分为若干小组，然后对小组内部的数据进行汇总统计，称为分组查询，通过 GROUP BY 子句来实现。GROUP BY 子句主要用于根据字段对行分组。GROUP BY 子句的语法格式如下：

GROUP BY {col_name | expr | position }[ASC | DESC],...[WITH ROLLUP]

说明：GROUP BY 子句后通常包含列名或表达式。MySQL 对 GROUP BY 子句进行了扩展，可以在列的后面指定 ASC（升序）或 DESC（降序）。GROUP BY 子句可以根据一个或多个列进行分组，也可以根据表达式进行分组，经常和聚合函数一起使用。

【例 4.3.24】按商品类型统计商品表中各类商品的种数。

在"查询编辑器"选项卡中，输入以下 SQL 语句，其执行结果如图 4.3.24 所示。

```
SELECT prod_category as '商品类别',COUNT(*) as '商品数量'
FROM products
GROUP BY prod_category
```

说明：

- 完成本题需读者自行完成 products 表的创建和测试数据插入。
- GROUP BY prod_category 子句表示按产品类型进行分类。

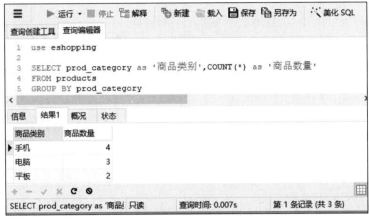

图 4.3.24　按商品类型统计商品表中各类商品的种数

（3）分组过滤。在分组查询时，经常需要对分组条件进行限定，查询出满足条件的分组数据，使用 HAVING 子句可以实现对分组的条件过滤，其使用方法与 WHERE 子句类似，不同的是 WHERE 子句用在 FROM 子句之后选择，而 HAVING 子句用来在 GR0UP BY 子句后选择。其语法格式如下：

```
HAVING where_definition
```

其中 where_definition 是选择条件，条件的定义和 WHERE 子句中的条件类似，但 HAVING 子句中的条件可以包含聚合函数，而 WHERE 子句中则不可以。

SQL 标准仅要求 HAVING 子句必须引用 GROUP BY 子句中的列或聚合函数中的列，但 MySQL 对此提供了扩展实现，允许在 HAVING 子句中引用 SELECT 子句和外部子查询中出现的字段。

【例 4.3.25】查询订单表中平均订单金额在 5000 元以上的用户编号和平均订单金额

在"查询编辑器"选项卡中，输入以下 SQL 语句，其执行结果如图 4.3.25 所示。

```
SELECT cust_id,AVG(total_price)
FROM orders
GROUP BY cust_id
HAVING AVG(total_price)>5000
```

说明：

- 完成本题需读者自行完成 orders 表的创建和测试数据插入。
- GROUP BYcust_id 子句表示按客户编号进行分组，统计客户的平均订单金额。
- HAVING 子句对平均订单金额在 5000 元以下的进行过滤，仅显示 5000 元以上的客户订单统计信息。

图 4.3.25　查询符合条件的用户编号和平均订单金额

【任务实施】

诚信科技公司需要对电商平台的数据库进行初始化和基本查询操作。实现步骤如下：

步骤 1：完成客户信息表的数据插入任务。

在"查询编辑器"选项卡中，输入以下 SQL 语句，其执行结果如图 4.3.26 所示。

```
#插入客户信息表数据
INSERT INTO customers (cust_id,cust_name,cust_country,cust_state,cust_city, cust_address,cust_tel,cust_sex,
        cust_date,cust_idcard,cust_prof)
VALUES
('C01', '张天山', '中国', '辽宁', '大连', '大连理工学院学生宿舍 A 栋 301 室',
 '11003111000', '男', '2005-05-01', '440101200505011050', '学生'),
('C02', '李珊珊', '中国', '辽宁', '沈阳', '沈阳理工学院学生宿舍 A 栋 202 室',
 '11003111001', '女', '2005-10-01', '31010120051001102X', '学生'),
('C03', '陈吉', '中国', '辽宁', '沈阳', '沈阳理工学院学生宿舍 B 栋 306 室',
 '11003111002', '男', '2003-06-01', '310101200506011035', '学生');
```

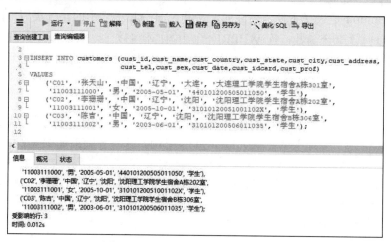

图 4.3.26　客户信息表数据插入结果

步骤 2：完成商品信息表数据插入任务。

在"查询编辑器"选项卡中，输入以下 SQL 语句，其执行结果如图 4.3.27 所示。

```
INSERT INTO products (prod_id,prod_name,prod_price,prod_category,prod_desc)
```

VALUES

('P01', 'Mate60', 4999.00, '手机', '华为 Mate60 9100 256G 炫目黑'),

('P02', 'Mate50', 4280.00, '手机', '华为 Mate50 9000S 64G 月光银'),

('P03', '小米 14S', 3999.00, '手机', '小米 14S 骁龙 Gen2 256G'),

('P04', 'IPhone15 Pro', 8999.00, '手机', '苹果 IPhone 15S 256G'),

('P05', '华为 MateBook14', 6488.00, '电脑', 'MateBook14 I71260P 32G 1T'),

('P06', '联想 ThinkBook14+', 6999.00, '电脑', 'MateBook14 Ultra125 32G 1T'),

('P07', '联想 ThinkBook16+', 7499.00, '电脑', 'MateBook14 Ultra125 32G 1T');

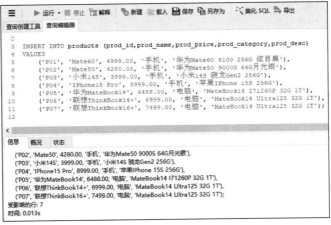

图 4.3.27　产品信息表数据插入结果

步骤 3：完成订单表数据插入任务。

在"查询编辑器"选项卡中，输入以下 SQL 语句，其执行结果如图 4.3.28 所示。

```
#插入订单信息表数据
INSERT INTO orders (order_id,order_date,cust_id,total_price)
VALUES
    (1, '2024-06-18 00:00:00', 'C01', 7499.00),
    (2, '2024-06-19 00:00:00', 'C02', 11487.00),
    (3, '2024-06-20 00:00:00', 'C01', 3999.00),
    (4, '2024-06-20 00:00:00', 'C01', 8999.00);
```

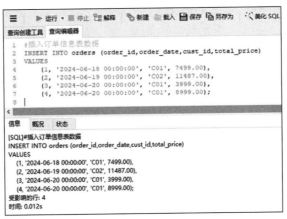

图 4.3.28　订单表数据插入结果

步骤 4： 完成订单明细表数据插入任务。

在"查询编辑器"选项卡中，输入以下 SQL 语句，其执行结果如图 4.3.29 所示。

```
#插入订单详情表数据
INSERT INTO order_items(item_id,order_id,prod_id,item_quantity,item_price)
VALUES
    (1, 1, 'P07', 1, 7499.00),
    (2, 2, 'P01', 1, 4999.00),
    (3, 2, 'P05', 1, 6488.00),
    (4, 3, 'P03', 1, 3999.00),
    (5, 4, 'P04', 1, 8999.00);
```

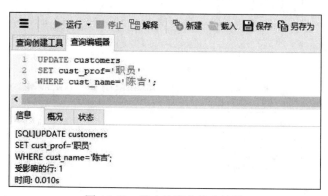

图 4.3.29　订单详情表创建结果

步骤 5： 将陈吉的职业改为"职员"。

在"查询编辑器"选项卡中，输入以下 SQL 语句，其执行结果如图 4.3.30 所示。

```
UPDATE customers
SET cust_prof='职员'
WHERE cust_name='陈吉';
```

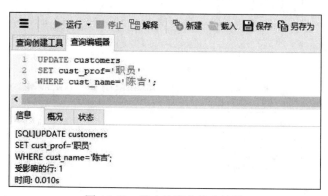

图 4.3.30　陈吉的职业修改结果

步骤 6：查询商品信息表中的全部数据，按类别升序排序，同类别中按价格降序显示。

在"查询编辑器"选项卡中，输入以下 SQL 语句，其执行结果如图 4.3.31 所示。

```
SELECT * FROM products
ORDER BY prod_category ASC,prod_price DESC;
```

图 4.3.31　商品信息表数据查询结果

步骤 7：统计订单表中的总记录数、总订单价格、最高单笔订单价、最低单笔订单价和平均订单价。

在"查询编辑器"选项卡中，输入以下 SQL 语句，其执行结果如图 4.3.32 所示。

```
SELECT count(*) as '商品数量' , max(prod_price) as '最高商品价格',
      min(prod_price) as '最低商品价格',AVG(prod_price) as   '平均商品价格'
FROM products;
```

图 4.3.32　订单表数据查询结果

步骤 8：显示辽宁区域用户购买的订单信息，要求显示订单时间、用户姓名、用户地址、订单总价。

在"查询编辑器"选项卡中，输入以下 SQL 语句，其执行结果如图 4.3.33 所示。

```
SELECT order_date as '订单时间',cust_name as '用户姓名',
      cust_state   as '区域',total_price as '订单总价'
FROM orders o INNER JOIN customers c ON o.cust_id = c.cust_id AND
      cust_state = '辽宁'
```

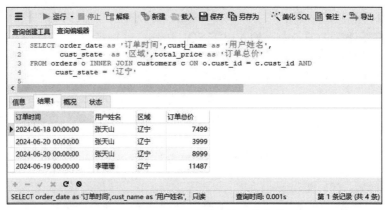

图 4.3.33　显示用户购买的订单信息

【任务小结】

本任务主要完成 MySQL 数据管理和数据查询，重点介绍了 MySQL 中的数据管理操作、数据查询的相关知识，主要内容如下：

（1）MySQL 中的数据管理，详细介绍了数据的添加、修改、删除语句。

（2）MySQL 中单表数据查询，主要介绍 SELECT 子句查询全部列、指定列、定义列的别名，计算列、DISTINCT 关键字去除重复数据、CASE WHEN 语句替换查询结果、LIMIT 子句限制返回结果，WHERE 子句指定查询条件，使用函数进行查询的相关知识。

（3）MySQL 中多表数据查询，主要介绍了连接查询、子查询、排序与分组的相关知识。

【课堂练习】

某职业学院计划开发一个学生信息管理系统，现已完成该系统数据库设计，数据库名为 StudentDB，各数据表结构见表 4.3.12～表 4.3.14，测试数据见表 4.3.15～表 4.3.17。

表 4.3.12　学院信息表（SCHOOLS）

序号	字段名	字段类型	是否为空	描述	备注
1	SCHOOL_ID	int	否	学院编号	主键，自增
2	SCHOOL_NAME	varchar(20)	否	学院名称	——
3	DESCRIPTION	varchar(100)	否	学院信息	——

表 4.3.13　班级信息表（CLASSES）

序号	字段名	字段类型	是否为空	描述	备注
1	CLASS_ID	int	否	班级编号	主键，自增
2	CLASS_NAME	varchar(20)	否	班级名称	——
3	SCHOOL_ID	int	否	所属学院	外键，关联学院信息表的学院编号
4	MAJOR	varchar(20)	否	所属专业	——
5	GRADE	varchar(20)	否	年级	——

表 4.3.14 学生信息表（STUDENTS）

序号	字段名	字段类型	是否为空	描述	备注
1	STUDENT_ID	int	否	学生编号	主键，自增
2	STUDENT_NO	varchar(20)	否	学号	唯一
3	NAME	varchar(20)	否	姓名	—
4	CLASS_ID	int	否	所属班级	外键，关联班级信息表的班级编号
5	GENDER	varchar(2)	否	性别	默认男
6	BIRTHDAY	datetime	否	出生日期	—
7	MOBILE	varchar(11)	否	联系电话	—
8	HOMETOWN	varchar(11)	否	籍贯	—

表 4.3.15 学院信息表测试数据

学院编号	学院名称	学院信息
1	软件学院	开设有软件技术等 4 个专业
2	人工智能学院	开设有人工智能技术等 5 个专业与专业方向
3	马克思主义学院	开设思政课程与公共素养课程

表 4.3.16 班级信息表测试数据

班级编号	班级名称	所属学院	所属专业	年级
1	软件 3241	1	软件技术	2024
2	软件 3242	1	软件技术	2024
3	人工智能 3241	2	人工智能应用技术	2024
4	人工智能 3242	2	人工智能应用技术	2024
5	留学生 3241	1	云计算应用技术	2024
6	软件 3231	1	软件技术	2023
7	软件 3232	1	软件技术	2023

表 4.3.17 学生信息表测试数据

学生编号	学号	姓名	所属班级	性别	出生日期	手机	籍贯
1	01324101	张雷	1	男	2007/05/06	13000001000	陕西西安
2	01324102	李立一	1	男	2006/06/05	13000001001	陕西榆林
3	01324103	陈少少	1	男	2005/03/21	13000001002	河北保定
4	01324104	李华华	1	男	2006/04/22	13000001003	河北唐山
5	01324105	李丽华	1	女	2004/08/10	13000001004	江苏常州
6	01324106	王莎	1	女	2006/04/20	13000001005	山东潍坊
7	03324101	赵勇	3	男	2006/05/03	13000001006	湖南长沙

请完成以下实训任务：

1. 使用 Navicat 客户端连接 MySQL 数据库服务器，创建数据库 StudentDB。

2. 打开 StudentDB 数据库。

3. 根据表 4.3.12～表 4.3.14 创建学院信息表、班级信息表、学生信息表及其对应的数据约束。

4. 根据表 4.3.15～表 4.3.17 在对应表中插入测试数据。

5. 完成以下单表查询任务。

（1）查询学生信息表，显示所有数据。

（2）查询学生信息表，显示 STUDENT_ID、STUDENT_NO、NAME、GENDER、BIRTHDAY，并重命名为学生编号、学号、姓名、性别、出生日期。

（3）查询学生信息表，显示所有河北的学生信息。

（4）显示所有年龄在 20 岁以下的同学信息，手机号中间 4 位用 "*" 隐藏。

（5）统计各二级学院的班级开设情况，按学院、专业、班级数显示。

6. 完成以下多表查询任务。

（1）查询学生信息，按以下要求显示学号、姓名、所属班级、所属学院、联系电话。

（2）查询软件学院籍贯为河北的学生信息，使用子查询实现。

（3）查询班级数超过 3 个的学院信息。

（4）统计软件学院的学生性别比例。

【课后习题】

一、填空题

1. 在 MySQL 中，使用＿＿＿＿＿＿＿＿语句向表中插入数据。

2. 若要修改 MySQL 表中的数据，应使用＿＿＿＿＿＿＿＿语句，并且通过＿＿＿＿＿＿＿＿子句来指定要修改的记录。

3. 删除 MySQL 表中特定记录需要使用＿＿＿＿＿＿＿＿语句，使用＿＿＿＿＿＿＿＿语句可以快速删除表中的全部记录。

4. 在单表数据查询中，当需要去除查询结果中的重复数据时，可以使用＿＿＿＿＿＿＿＿＿＿关键字。

5. 在 MySQL 多表连接查询中，＿＿＿＿＿＿＿＿＿＿＿连接会返回满足连接条件的记录，而＿＿＿＿＿＿＿＿＿＿＿连接会返回左表的所有记录以及满足连接条件的右表记录。

6. 在查询数据时，使用＿＿＿＿＿＿＿＿子句可以对查询结果进行排序；使用＿＿＿＿＿＿＿＿子句可以对数据进行分组，并且常与＿＿＿＿＿＿＿＿函数一起使用来对分组后的数据进行统计。

二、实践题

1. 假定有以下企业管理的员工管理数据库，数据库名为 EmpDB，各表结构见表 4.2.6～

表 4.2.8。测试数据见表 4.3.18～表 4.3.20。

表 4.3.18　员工信息表测试数据

编号	姓名	学历	出生日期	性别	电话	部门号
1	王林平	大专	1976-01-23	1	83355668	2
2	李健勇	本科	1987-03-28	1	82124612	1
3	张兵兵	硕士	1992-12-09	1	83414282	1
4	李丽纱	大专	1970-07-30	0	84232283	1
5	刘明军	本科	1988-10-18	1	82423521	5
6	朱俊明	硕士	1995-09-28	1	84232283	5
7	钟敏星	硕士	1989-08-10	0	87622342	3
8	张汉民	本科	1994-10-01	1	82345687	5
9	陈林珏	大专	1997-04-02	1	84523462	3
10	张平山	本科	1989-09-20	1	82412354	4
11	王芳芳	大专	1996-09-03	0	84456234	4

表 4.3.19　部门信息表测试数据

部门号	部门名称	备注	部门号	部门名称	备注
1	财务部	NULL	4	研发部	NULL
2	人力资源部	NULL	5	市场部	NULL
3	经理办公室	NULL			

表 4.3.20　员工薪水表测试数据

编号	收入	支出	编号	收入	支出
1	8100.8	123.09	7	5259.98	281.52
2	7582.62	88.03	8	6860.0	198.0
3	8569.88	185.65	9	7347.68	180.0
4	4987.01	79.58	10	6531.98	199.08
5	6066.15	108.0	11	4240.0	121.0
6	6980.7	210.2			

请完成以下操作。

（1）插入各表的测试数据。

（2）在员工信息表和员工薪水表中，删除员工编号为"1"的数据。

（3）将员工编号为"4"的记录的部门号改为"4"。

（4）根据员工信息测试数据表和薪水测试数据表，重新插入员工编号为"1"的数据。

（5）使用 REPLACE 语句向部门插入一条数据，其部门号为"1"，名称为"广告部"，备注为"负责广告业务"。

（6）将员工编号为"9"的职工收入改为"6890"。

（7）将所有职工收入增加 100 元。

（8）删除所有收入大于 8500 元的员工信息。

（9）查询员工信息表中的全部记录。

（10）查询每个员工的地址和电话。

（11）查询员工编号为"3"的员工地址和电话。

（12）查询月收入高于 2000 元的员工号码。

（13）查询 1992 年以后出生的员工姓名和地址。

（14）查询财务部所有的员工编号和姓名。

（15）查询所有女员工的地址和电话，需指定显示的列标题为姓名、地址、电话。

（16）查询所有男员工的姓名和出生日期，要求各标题用中文表示。

（17）获得员工总数。

（18）计算所有员工收入的平均数。

（19）获得员工信息表中年纪最大的员工编号。

（20）计算所有员工的总支出。

（21）找出所有姓王的员工的部门编号。

（22）找出所有收入在 6000~7000 元的员工编号。

（23）找出所有在部门号为"1"或"2"中工作的员工编号。

（24）查找在财务部工作的员工信息。

（25）查找所有收入在 5000 元以下的员工信息。

（26）查找财务部中比所有研发部员工年龄都大的员工信息。

（27）显示所有员工的基本信息和薪水情况。

（28）显示每个员工的基本信息及其工作的部门信息。

（29）显示"王林"所在的部门名称。

（30）统计员工信息表中男性和女性的人数。

（31）按部门列出部门的员工人数。

（32）按员工学历分组，列出大专、本科和硕士的人数。

（33）显示员工数超过 2 人的部门名称和部门人数。

（34）按员工收入从多到少显示员工的基本信息和收入。

（35）按员工的出生日期从小到大显示员工信息。

模块 5　使用 Python 实现数据库编程

在信息化系统的开发和应用中，如何使用程序设计语言访问数据库系统，实现应用系统业务逻辑和业务数据的存储，通常是信息化系统开发的关键。mysql-connector-python 是由 MySQL 官方提供支持，与 MySQL 服务器的兼容性较好，能够高效利用 MySQL 的原生特性，在数据传输和操作执行方面具有一定的性能优势，是目前最主流的 MySQL 数据库访问库组件。通过本模块的学习，读者可以掌握 mysql-connector-python 组件的安装与配置，使用 mysql-connector-python 连接和操作 MySQL 数据库实现应用系统基本功能的开发。

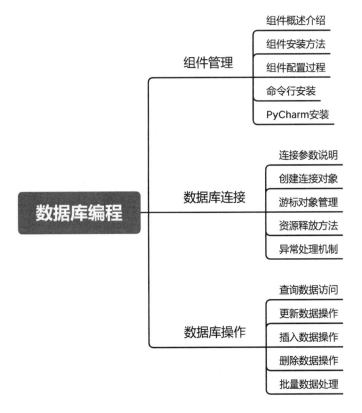

 模块目标

知识目标

- 掌握 mysql-connector-python 组件的安装与配置方法。
- 掌握使用 mysql-connector-python 组件连接数据库的方法。
- 掌握使用 mysql-connector-python 组件执行数据查询的方法。
- 掌握使用 mysql-connector-python 组件执行数据操作的方法。

能力目标

- 能安装与配置 mysql-connector-python 组件。
- 能使用 mysql-connector-python 组件连接数据库。
- 能使用 mysql-connector-python 组件执行数据查询。
- 能使用 mysql-connector-python 组件执行数据操作。

素质目标

- 具有代码规范意识和良好的编程习惯。
- 具有良好的职业道德和职业素养。
- 具有良好的团队合作精神和沟通意识。

任务 5.1　商品管理系统开发

【任务目标】

诚信科技公司的电商平台升级在即，为提升数据管理能力和开发效率，公司决定对数据库访问模块进行全面优化。作为项目组成员，你将参与 MySQL 数据库编程的开发工作。本任务将带领读者掌握 mysql-connector-python 组件的使用，包括组件安装、数据库连接、数据操作等核心内容。通过这些基础知识的学习，为后续开发更复杂的数据处理功能打下坚实基础。

通过本任务的学习，实现以下任务目标：

（1）了解 mysql-connector-python 组件的基本概念，掌握组件在命令行窗口和 PyCharm 中的安装方法和配置过程，理解不同安装方式的特点和适用场景。

（2）掌握 mysql-connector-python 的数据库连接技术，包括连接参数配置、建立数据库连接、创建游标对象等基础操作方法，能够根据实际项目需求建立稳定的数据库连接。

（3）熟悉 Python 中数据库操作的核心功能，包括数据查询、更新记录、插入数据、删除信息，以及使用 commit 方法提交事务、cursor 对象执行 SQL 语句等基础操作。

（4）理解数据库异常处理的规则和方法，能够在开发过程中正确处理连接异常、SQL 语句执行错误等各类异常情况，确保系统稳定运行。

（5）能够运用所学知识实现商城系统的核心功能，主要包括商品信息的增删改查、数据验证等完整的数据库操作流程。

【思政小课堂】

心中有规，手中有矩。在进行应用系统开发时，业务数据虽然仅是一个个普通的字符和数字，但其表示和映射着业务领域，每一个数据的背后都是一个真实的业务主体或业务活动。因此，开发时应心中有规，了解《中华人民共和国数据保护法》《中华人民共和国网络安全法》等相关法律法规，在实现数据库访问、数据的增删改查等操作中，每一个操作都要有法可依、合规合法，在技术操作中不能逾越法律界限，确保业务系统的开发和实现在合法的框架内进行，保障企业和用户的合法权益。

【知识准备】

5.1.1　Python 数据库编程组件概述

在 Python 使用语言编程操作和访问 MySQL 数据库时，mysql-connector-python 和 PyMySQL 是两个备受关注的组件。mysql-connector-python 在处理大规模数据的读写操作时，能够保持较为稳定的性能表现，减少数据传输延迟和操作响应时间。然而，由于其功能丰富和对原生特性的依赖，相对而言可能具有较大的内存占用。在资源受限的环境中，如一些小型嵌入式设备或内存紧张的服务器上，可能会对系统性能产生一定的影响。

PyMySQL 是一个纯 Python 的 MySQL 客户端库，兼容 mysqlclient 和 MySQLdb，适用于 MySQL 5.5 以上版本数据库，代码风格和 Python 较为契合，对于 Python 开发者来说，能够快速掌握并应用到项目中；同时其功能强大，涵盖了常见的数据库操作，如数据的增删改查、连接管理等，能够适应不同的开发需求和场景变化。不过相比 mysql-connector-python，MySQL 在处理大规模数据和高并发场景时可能稍显逊色，但对于中小规模的应用程序或者对性能要求不是极高的场景，仍然是当前众多项目的主流选择。本书以介绍 mysql-connector-python 组件的使用为主。

5.1.2　mysql-connector-python 的安装

1. 命令行方式安装

（1）打开命令行窗口，输入以下命令，检查 Python 环境，结果如图 5.1.1 所示。

```
python --version
```

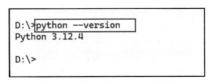

图 5.1.1　检查 Python 环境

（2）输入以下命令检查 pip 是否安装以及其版本，结果如图 5.1.2 所示。

```
pip --version
```

```
D:\>pip --version
pip 24.2 from ▓▓▓▓▓▓▓▓\AppData\Local\Programs\Python\Python312\Lib\site-packages\pip (python 3.12)
D:\>
```

图 5.1.2　检查 pip 是否安装以及版本

（3）输入以下命令检查是否已安装 mysql-connector-python 组件，结果如图 5.1.3 所示。

pip show mysql-connector-python

```
D:\>pip show mysql-connector-python
WARNING: Package(s) not found: mysql-connector-python

D:\>
```

图 5.1.3　检查 mysql-connector-python 是否已安装

（4）如果未安装，执行以下安装命令，结果如图 5.1.4 所示。

pip install mysql-connector-python

```
D:\>pip install mysql-connector-python
Collecting mysql-connector-python
  Downloading mysql_connector_python-9.1.0-cp312-cp312-win_amd64.whl.metadata (6.2
Downloading mysql_connector_python-9.1.0-cp312-cp312-win_amd64.whl (16.1 MB)
                                    ━━━━ 16.1/16.1 MB 453.8 kB/s eta 0:00:00
Installing collected packages: mysql-connector-python
Successfully installed mysql-connector-python-9.1.0

[notice] A new release of pip is available: 24.2 -> 24.3.1
[notice] To update, run: python.exe -m pip install --upgrade pip
```

图 5.1.4　安装 mysql-connector-python

（5）如果安装失败，可以尝试以下方法。

#方法 1：更新 pip 到最新版本后重试
python -m pip install --upgrade pip
pip install mysql-connector-python

#方法 2：使用国内镜像源安装
pip install mysql-connector-python -i https://pypi.tuna.tsinghua.edu.cn/simple

（6）输入以下命令验证是否安装成功，结果如图 5.1.5 所示。

import mysql.connector
print(mysql.connector.__version__)

```
>>> import mysql.connector
>>> print(mysql.connector.__version__)
9.1.0
>>>
```

图 5.1.5　验证安装是否成功

特别注意，如果项目使用的不是和系统同样的 Python 版本，需要切换到系统 Python，或者为项目的 Python 版本重新安装，否则会出现找不到包的情况，安装操作同上，不再重复赘述。

2. PyCharm 方式安装

（1）打开 PyCharm，创建新的 Python 项目或打开现有项目，如图 5.1.6 所示。

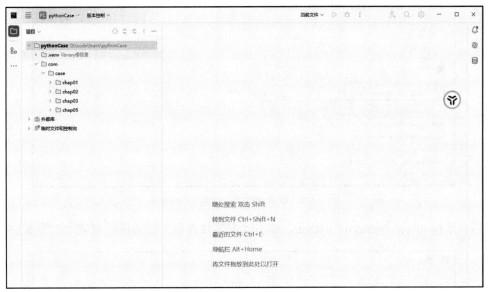

图 5.1.6　打开 PyCharm

（2）依次单击文件（File）→ 设置（Settings）→ 项目（Project）→ 解释器（Python Interpreter），打开 Python 解释器设置，如图 5.1.7 所示。

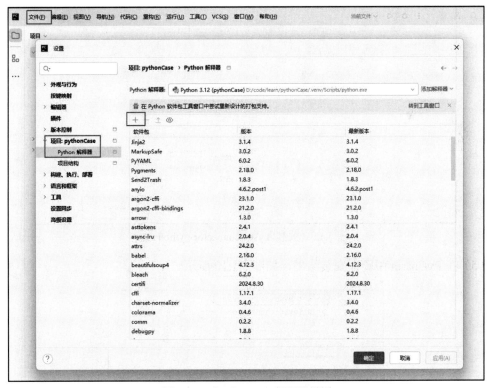

图 5.1.7　打开 Python 解释器设置

（3）单击 + 按钮，在搜索框中输入 mysql-connector-python，如图 5.1.8 所示。

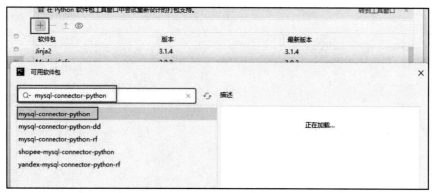

图 5.1.8　搜索 mysql-connector-python

（4）选择 mysql-connector-python，单击"安装软件包"按钮进行安装，如图 5.1.9 所示。

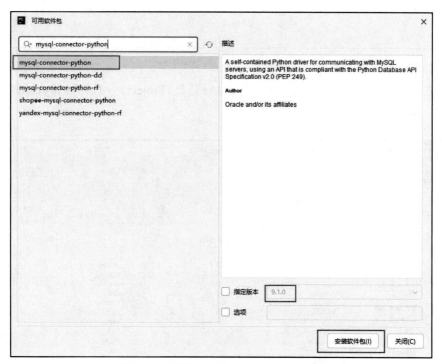

图 5.1.9　安装 mysql-connector-python 包

（5）在 PyCharm 中验证安装结果，如图 5.1.10 所示。

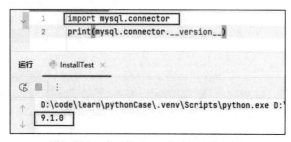

图 5.1.10　在 PyCharm 中验证安装结果

完成上述步骤后，mysql-connector-python 组件就安装完成了。在实际开发中，可以根据个人习惯选择命令行窗口或 PyCharm 方式进行安装。安装过程中如果遇到问题，建议先检查网络连接和 Python 环境，然后再尝试不同的安装方法。后续内容将介绍如何使用该组件实现数据库的连接和各种操作。

需要注意的是，在不同的操作系统环境下，安装命令和操作步骤可能略有不同。本任务主要以 Windows 系统为例进行说明，其他操作系统的用户可以参考相关文档进行调整。

5.1.3　实现数据库连接

1. 数据库连接基础

在使用 mysql-connector-python 组件操作 MySQL 数据库之前，首先需要建立与数据库服务器的连接。数据库连接是应用程序与数据库服务器之间建立的一个通信通道，通过这个通道可以发送 SQL 命令并接收查询结果。建立连接时需要提供必要的连接参数，包括服务器地址、用户名、密码、数据库名称等。

2. 建立数据库连接

（1）连接参数说明。使用 mysql-connector-python 连接数据库时，主要需要以下参数：

1）host。数据库服务器地址，本地服务器使用 localhost 或 127.0.0.1。

2）user。数据库用户名。

3）password。用户密码。

4）database。要连接的数据库名称。

5）port。数据库服务端口，默认为 3306。

6）charset。字符集，默认为 utf8。

（2）基本连接示例。

1）导入必要的模块。使用 Python 进行数据库操作，需要导入 mysql.connector 包，代码如下：

```
import mysql.connector
```

2）创建数据库连接对象。创建数据库连接对象 config，并在其中设置数据库连接信息，然后调用 mysql.connector.connect 方法，即可实现数据库连接。不报错的情况下，表示执行顺利，连接成功，代码如下：

```
config = {
    'host': 'localhost',
    'user': 'root',
    'password': 'youPassword',
    'database': 'you_db'
}

conn = mysql.connector.connect(**config)
```

创建数据库连接结果如图 5.1.11 所示。

●练一练　编写一个程序，尝试连接到 MySQL 数据库，并打印连接是否成功的信息。

```
1   import mysql.connector
2
3   # 定义连接参数
4   config = {
5       'host': 'localhost',
6       'user': 'root',
7       'password': '████',
8       'database': 'eshopping'
9   }
10
11  # 创建连接
12  conn = mysql.connector.connect(**config)
13
```

运行　　MySqlConnectionTest ×

D:\code\learn\pythonCase\.venv\Scripts\python.exe D:\code\learn\pythonCase\com\case\chap05\M
　　　　　　没有报错表示成功
进程已结束，退出代码为 0

图 5.1.11　创建数据库连接结果

5.1.4　实现数据库操作

1．创建游标对象

connector 中使用游标（Cursor）对象来实现对数据库的访问操作，因此在数据连接成功后，首先需要创建游标对象，代码如下：

```
cursor = conn.cursor()
```

2．查询数据库

对数据库的查询访问操作，通过以下 4 步完成：

（1）准备 SQL 语句，各类业务查询主要通过 SQL 语句实现，因此首先需要编写数据查询的 SQL 语句。

（2）调用游标对象的 execute 方法执行 SQL 语句，此时会将 SQL 语句提交到 MySQL 数据库服务器并执行。

（3）使用 fetchall 方法获得查询语句的执行结果。

（4）使用循环结构遍历结果对象，实现数据的业务处理。

主要代码如下：

```
sql = "SELECT * FROM products"          #准备 SQL 语句
cursor.execute(sql)                     #执行 SQL 语句
results = cursor.fetchall()             #获取结果集
for row in results:                     #遍历结果集
    print(row)
```

查询访问操作如图 5.1.12 所示。

⏺练一练　编写一个查询语句，获取 products 表中 price 大于 1000 的商品信息，并格式化打印结果。

```
('P001', 'iPhone 13', Decimal('5999.00'), '手机', 'Apple最新手机')
('P002', '华为MatePad', Decimal('2999.00'), '平板', '华为平板电脑')
('P003', 'MacBook Pro', Decimal('12999.00'), '笔记本', 'Apple专业笔记本')
('P004', 'AirPods Pro', Decimal('1999.00'), '耳机', '无线降噪耳机')
('P005', '小米手环', Decimal('199.00'), '智能穿戴', '智能运动手环')
('P006', '戴尔显示器', Decimal('1599.00'), '显示器', '27寸4K显示器')
('P007', '罗技键盘', Decimal('699.00'), '配件', '机械键盘')
('P008', '索尼相机', Decimal('4999.00'), '相机', '微单相机')
('P009', 'Nintendo Switch', Decimal('2099.00'), '游戏机', '便携游戏机')
('P010', '华为路由器', Decimal('399.00'), '网络设备', 'WiFi6路由器')
```

图 5.1.12　查询访问操作执行结果

3. 更新数据

数据库的更新操作也分成以下 4 步：

（1）准备 SQL 语句，各类业务更新操作主要通过 SQL 语句实现，因此首先需要编写数据更新的 SQL 语句。

（2）调用游标对象的 execute 方法执行 SQL 语句，此时将 SQL 语句提交到 MySQL 数据库服务器并执行。

（3）调用 commit 方法。在执行更新操作后，数据的更改只是暂存在数据库的缓冲区或者类似的临时区域中。通过调用 conn.commit() 可以将之前通过游标执行的更新操作（以及可能在同一个事务中的其他相关操作）正式提交到数据库，使数据的更改永久生效。这一步确保了数据库数据的一致性和完整性，就像是对之前所做的所有修改操作进行一个"确认保存"的动作。

（4）显示成功执行 SQL 语句后影响的记录行数。在执行完更新操作并提交之后，通过游标对象的 rowcount 属性可以获取此次更新操作所影响的行数。如果返回值为 1，表示成功更新了一行数据，也就是产品编号为 P001 的那一行数据被正确更新了价格；如果返回值为 0，则说明没有找到符合条件（prod_id = 'P001'）的行进行更新，可能是数据库中原本就不存在该编号的产品。使用循环结构遍历结果对象，实现数据的业务处理。

主要代码如下：

```
update_sql = "UPDATE products SET prod_price = 10000 WHERE prod_id = 'P001'"
cursor.execute(update_sql)
conn.commit()
print("更新成功,影响的行数:", cursor.rowcount)
```

更新数据操作如图 5.1.13 所示。

```
更新成功,影响的行数: 1
('P001', 'iPhone 13', Decimal('10000.00'), '手机', 'Apple最新手机')
('P002', '华为MatePad', Decimal('2999.00'), '平板', '华为平板电脑')
```

图 5.1.13　对数据库进行更新数据操作

●练一练　编写一个程序，将 products 表中指定商品的价格上调 10%，并显示更新前后的价格。

4. 插入数据

使用参数化查询方式执行插入操作的主要步骤如下：

（1）准备 SQL 语句，使用 INSERT INTO 子句实现数据插入，使用"%s"作为占位符，表示后续会传入实际要插入的值，其中 s 表示字符串数据。

（2）准备实际参数，按顺序替换参数，"张三"替换第 1 个%s，20 替换第 2 个%s。

（3）使用带参数的 execute 方法执行 SQL 语句，执行插入操作。

（4）使用 commit 方法提交插入操作，在数据库中执行。

（5）在许多数据库系统中，当向包含自增主键（如常见的 AUTO_INCREMENT 类型的主键）的表中插入新数据后，可以通过游标对象的 lastrowid 属性获取刚插入数据行对应的自增主键 ID 值。

主要代码如下：

```
insert_sql = "INSERT INTO users (name, age) VALUES (%s, %s)"
values = ("张三", 20)
cursor.execute(insert_sql, values)
conn.commit()
print("插入成功,新增数据的 ID: ", cursor.lastrowid)
```

插入数据操作如图 5.1.14 所示。

```
插入成功,新增数据的ID: 0
('P000', '1000000', Decimal('999999.99'), '特殊类别', '特殊商品描述')
('P001', 'iPhone 13', Decimal('10000.00'), '手机', 'Apple最新手机')
('P002', '华为MatePad', Decimal('2999.00'), '平板', '华为平板电脑')
```

图 5.1.14 对数据库进行插入数据操作

5. 删除数据

使用参数化查询方式执行删除操作，主要代码如下：

```
delete_sql = "DELETE FROM products WHERE prod_id = %s"
values = ("P000",)                          #注意这里的逗号，表示它是一个元组
cursor.execute(delete_sql, values)
conn.commit()
```

删除数据操作如图 5.1.15 所示。

```
删除成功,影响的行数: 1
('P001', 'iPhone 13', Decimal('10000.00'), '手机', 'Apple最新手机')
('P002', '华为MatePad', Decimal('2999.00'), '平板', '华为平板电脑')
```

图 5.1.15 对数据库进行删除数据操作

6. 关闭数据连接

数据库操作完成后，需要及时释放资源，主要代码如下：

```
cursor.close()
conn.close()
```

7. 数据操作的异常处理

为确保数据库操作的可靠性，应进行完善的异常处理。

【例 5.1.1】使用数据库操作的异常处理，完成以下需求：

（1）实现数据库连接。

（2）实现异常捕获。

（3）实现资源释放。

（4）实现打印错误信息。

程序代码如下：

```
01  import mysql.connector
02
03  try:
04      #初始化数据库连接配置
05      config = {
06          "host": "localhost",
07          "user": "root",
08          "database": "test"
09      }
10      conn = mysql.connector.connect(**config)
11      cursor = conn.cursor()
12      cursor.execute("SELECT * FROM users")
13      results = cursor.fetchall()
14      print(results)
15  except Exception as e:
16      print(f"错误信息：{e}")
17  finally:
18      if 'cursor' in locals(): cursor.close()
19      if 'conn' in locals(): conn.close()
```

说明：

- 01 行：导入 mysql 连接器包。

- 03～14 行：尝试连接数据库并查询。

- 15、16 行：捕获并打印错误信息。

- 17～19 行：确保资源释放。

程序运行结果如图 5.1.16 所示。

```
数据库操作出错：
Error Code: 1146
SQLSTATE: 42S02
Error Message: Table 'eshopping.users' doesn't exist
```

图 5.1.16　程序运行结果

在实际开发过程中，应当注意以下几点：

（1）连接管理要合理。及时关闭不再使用的连接，可以考虑使用连接池来管理数据库连接，避免频繁创建和关闭连接造成的资源浪费。

（2）查询操作要规范。应当使用参数化查询来防止注入攻击，这同时也能提高代码的可维护性和查询性能。

（3）异常处理要完善。捕获和处理可能发生的异常，记录必要的错误日志，为用户提供清晰的错误提示信息。

（4）性能优化要重视。应当注意 SQL 语句的优化，合理使用索引，控制查询结果集的大小，避免无谓的资源消耗。

【任务实施】

诚信科技公司在开发新一代电商平台过程中，需要一个可靠且高效的商品管理系统。本任务将使用 mysql-connector-python 组件开发商品管理的核心功能模块，主要包含商品信息的查询、添加、修改和删除等基础功能。实现步骤如下。

步骤 1：配置数据库连接。

使用 mysql.connector 组件建立数据库连接，通过 try-except 结构进行异常处理，确保连接过程的稳定性和安全性。在连接配置中，设定了本地主机地址、root 用户名和 shop_db 数据库名称。当连接发生异常时，系统会捕获具体的错误信息并提供友好的错误提示，从而帮助开发人员快速定位和解决问题。示例程序如下：

```python
def connect_db():
    try:
        return mysql.connector.connect(
            host='localhost',
            user='root',
            password='',
            database='shop_db'
        )
    except Error as e:
        print(f'数据库连接失败：{e}")
        return None
```

步骤 2：定义系统菜单和主界面函数。

创建与用户交互界面，设计清晰的功能导航菜单。使用 print() 函数输出格式化的菜单选项，包括查看商品、添加商品、修改商品信息和删除商品等核心功能选项。菜单设计采用了编号加描述的形式，便于用户理解和操作。通过独立的 show_menu() 函数封装菜单显示逻辑，提高代码的可维护性和复用性。整体设计注重用户体验，确保界面简洁直观。示例程序如下：

```python
def show_menu():
    print("\n=== 商品管理系统 ===")
    print("1. 查看所有商品")
    print("2. 添加新商品")
    print("3. 修改商品信息")
    print("4. 删除商品")
    print("0. 退出系统")
```

步骤 3：实现商品查询功能。

实现商品信息的查询和展示。使用 SQL 语句按商品类别和价格降序排列查询所有商品信息，通过 cursor.execute 执行查询操作。结果展示采用格式化字符串技术，使用 f-string 和字符串对齐方法（str.ljust/rjust）实现表格式显示，包括商品编码、名称、价格、类别和描述等字段。当查询结果为空时，系统会显示适当的提示信息。为了提高可读性，使用 print() 函数输出表头和分隔线，并对数值类型（如价格）进行保留两位小数的格式化处理。该功能模块直观展示商品信息，方便用户快速浏览和查找商品。示例程序如下：

```python
def view_products(cursor):
    cursor.execute("SELECT * FROM products ORDER BY prod_category, prod_price DESC")
    products = cursor.fetchall()
    if not products:
        print("\n 暂无商品信息！")
        return
    print("\n 商品列表：")
    print(f"{'商品编码'：<10} {'商品名称'：<20} {'价格'：>10} {'类别'：<10} {'描述'：<40}")
    print("-" * 90)
    for prod in products:
        print(f"{prod[0]：<10} {prod[1]：<20} {prod[2]：>10.2f} {prod[3]：<10} {prod[4]：<40}")
```

步骤 4：实现商品添加功能。

实现商品信息的添加，有数据验证和异常处理机制。在输入环节，使用 while 循环实现数据验证：商品编码必须以'P'开头且长度不少于 2 个字符；商品价格必须为正数且能转换为浮点型；商品类别限制为"手机"或"电脑"两个选项。使用 try-except 结构处理数据库操作异常，确保数据的完整性和一致性。通过参数化查询方式执行 INSERT 语句，防止注入风险。在操作成功时执行事务提交（commit），失败时进行回滚（rollback）操作。整个添加过程都提供清晰的用户反馈，包括输入提示、错误提示和成功提示，提高了系统的用户友好性。示例程序如下：

```python
def add_product(conn, cursor):
    try:
        #检查商品 ID 格式
        while True:
            prod_id = input("请输入商品编码（如 P01）：")
            if prod_id.startswith('P') and len(prod_id) >= 2:
                break
            print("商品编码格式错误，应以'P'开头！")

        name = input("请输入商品名称：")

        #价格输入验证
        while True:
            try:
                price = float(input("请输入商品价格："))
                if price > 0:
                    break
                print("价格必须大于 0！")
            except ValueError:
                print("请输入有效的价格数字！")

        #类别限制为手机或电脑
        while True:
            category = input("请输入商品类别（手机/电脑）：")
            if category in ['手机', '电脑']:
                break
            print("类别只能是'手机'或'电脑'！")

        desc = input("请输入商品描述：")

        cursor.execute("""
            INSERT INTO products (prod_id, prod_name, prod_price, prod_category, prod_desc)
            VALUES (%s, %s, %s, %s, %s)
        """, (prod_id, name, price, category, desc))
        conn.commit()
        print("商品添加成功！")
    except Error as e:
        conn.rollback()
        print(f"添加失败：{e}")
```

步骤 5：开发商品修改功能。

实现商品信息的更新，支持灵活更新部分字段。先通过商品编码查询确认商品是否存在，

227

并显示当前商品的完整信息。采用空字符串判断机制，允许用户选择性地更新商品信息，保持未修改字段的原始值。对输入数据进行严格验证。价格必须为正数，类别必须符合系统预设选项。使用动态 SQL 构建技术，根据实际修改的字段动态生成 UPDATE 语句，提高系统的灵活性和效率。通过列表存储更新字段和参数，保证 SQL 语句的安全性。整个更新过程包含完整的事务处理和异常处理机制，确保数据更新的安全性和可靠性。示例程序如下：

```python
def update_product(conn, cursor):
    prod_id = input("请输入要修改的商品编码: ")
    cursor.execute("SELECT * FROM products WHERE prod_id = %s", (prod_id,))
    product = cursor.fetchone()
    if not product:
        print("商品不存在！")
        return

    print(f"\n 当前商品信息: ")
    print(f"名称: {product[1]}")
    print(f"价格: {product[2]}")
    print(f"类别: {product[3]}")
    print(f"描述: {product[4]}")

    try:
        name = input("\n 新商品名称（回车保持不变）: ")
        price_str = input("新商品价格（回车保持不变）: ")
        category = input("新商品类别（手机/电脑，回车保持不变）: ")
        desc = input("新商品描述（回车保持不变）: ")

        updates = []
        params = []
        if name:
            updates.append("prod_name = %s")
            params.append(name)
        if price_str:
            price = float(price_str)
            if price <= 0:
                raise ValueError("价格必须大于 0")
            updates.append("prod_price = %s")
            params.append(price)
        if category:
            if category not in ['手机', '电脑']:
                raise ValueError("类别只能是'手机'或'电脑'")
            updates.append("prod_category = %s")
            params.append(category)
        if desc:
            updates.append("prod_desc = %s")
            params.append(desc)

        if updates:
            query = f"UPDATE products SET {', '.join(updates)} WHERE prod_id = %s"
            params.append(prod_id)
            cursor.execute(query, params)
```

```
            conn.commit()
            print("修改成功！")
        except Error as e:
            conn.rollback()
            print(f"修改失败：{e}")
        except ValueError as e:
            print(f"输入错误：{str(e)}")
```

步骤 6：开发商品删除功能。

实现商品信息的安全删除功能，包含多重验证机制。首先验证商品是否存在，避免删除不存在的记录。其次检查商品是否存在关联订单，防止因删除导致的数据一致性问题。使用参数化查询执行 DELETE 操作，确保删除操作的安全性。整个删除过程采用事务处理机制，在出现异常时自动回滚，保证数据的完整性。通过 try-except 结构捕获和处理可能出现的数据库错误，并提供清晰的错误提示，帮助用户理解操作失败的原因。该功能模块实现了安全可靠的数据删除操作。示例程序如下：

```
def delete_product(conn, cursor):
    try:
        prod_id = input("请输入要删除的商品编号：")

        #首先检查商品是否存在
        cursor.execute("SELECT * FROM products WHERE prod_id = %s", (prod_id,))
        if not cursor.fetchone():
            print("商品不存在！")
            return

        #检查商品是否在订单明细表中被引用
        cursor.execute("SELECT * FROM order_items WHERE prod_id = %s", (prod_id,))
        if cursor.fetchone():
            print("该商品已有订单记录，无法删除！")
            return

        #执行删除操作
        cursor.execute("DELETE FROM products WHERE prod_id = %s", (prod_id,))
        conn.commit()
        print("删除成功！")
    except Error as e:
        conn.rollback()
        print(f"删除失败：{e}")
```

完整代码如下：

```
01    import mysql.connector
02    from mysql.connector import Error
03
04    def connect_db():
05        try:
06            return mysql.connector.connect(
07                host='localhost',
08                user='root',
09                password='',
10                database='shop_db'
```

```
11                    )
12          except Error as e:
13              print(f"数据库连接失败：{e}")
14              return None
15
16  def show_menu():
17      print("\n=== 商品管理系统 ===")
18      print("1. 查看所有商品")
19      print("2. 添加新商品")
20      print("3. 修改商品信息")
21      print("4. 删除商品")
22      print("0. 退出系统")
23
24  def view_products(cursor):
25      cursor.execute("SELECT * FROM products ORDER BY prod_category")
26      products = cursor.fetchall()
27      if not products:
28          print("\n 暂无商品信息！")
29          return
30      print("\n 商品列表：")
31      print(f"{'商品编码'：<10} {'商品名称'：<20} {'价格'：>10} {'类别'：<10} {'描述'：<30}")
32      print("-" * 80)
33      for prod in products:
34          print(f"{prod[0]:<10} {prod[1]:<20} {prod[2]:>10.2f} {prod[3]:<10} {prod[4]:<30}")
35
36  def add_product(conn, cursor):
37      try:
38          prod_id = input("请输入商品编码：")
39          name = input("请输入商品名称：")
40          price = float(input("请输入商品价格："))
41          category = input("请输入商品类别：")
42          desc = input("请输入商品描述：")
43
44          cursor.execute("""
45              INSERT INTO products (prod_id, prod_name, prod_price,
46                                  prod_category, prod_desc)
47              VALUES (%s, %s, %s, %s, %s)
48          """, (prod_id, name, price, category, desc))
49          conn.commit()
50          print("商品添加成功！")
51      except Error as e:
52          conn.rollback()
53          print(f"添加失败：{e}")
54      except ValueError:
55          print("价格输入格式错误！")
56
57  def update_product(conn, cursor):
58      prod_id = input("请输入要修改的商品编码：")
59      cursor.execute("SELECT * FROM products WHERE prod_id = %s", (prod_id,))
60      if not cursor.fetchone():
61          print("商品不存在！")
```

```
62              return
63
64         try:
65             name = input("新商品名称（回车保持不变）: ")
66             price = input("新商品价格（回车保持不变）: ")
67             category = input("新商品类别（回车保持不变）: ")
68             desc = input("新商品描述（回车保持不变）: ")
69
70             updates = []
71             params = []
72             if name:
73                 updates.append("prod_name = %s")
74                 params.append(name)
75             if price:
76                 updates.append("prod_price = %s")
77                 params.append(float(price))
78             if category:
79                 updates.append("prod_category = %s")
80                 params.append(category)
81             if desc:
82                 updates.append("prod_desc = %s")
83                 params.append(desc)
84
85             if updates:
86                 query = f"UPDATE products SET {', '.join(updates)} WHERE prod_id = %s"
87                 params.append(prod_id)
88                 cursor.execute(query, params)
89                 conn.commit()
90                 print("修改成功！")
91         except Error as e:
92             conn.rollback()
93             print(f"修改失败：{e}")
94         except ValueError:
95             print("价格输入格式错误！")
96
97     def delete_product(conn, cursor):
98         try:
99             prod_id = input("请输入要删除的商品编码: ")
100
101            #首先检查商品是否存在
102            cursor.execute("SELECT * FROM products WHERE prod_id = %s", (prod_id,))
103            if not cursor.fetchone():
104                print("商品不存在！")
105                return
106
107            #检查商品是否在订单明细表中被引用
108            cursor.execute("SELECT * FROM order_items WHERE prod_id = %s", (prod_id,))
109            if cursor.fetchone():
110                print("该商品已有订单记录，无法删除！")
111                return
112
```

```
113                 #执行删除操作
114                 cursor.execute("DELETE FROM products WHERE prod_id = %s", (prod_id,))
115                 conn.commit()
116                 print("删除成功！")
117        except Error as e:
118                 conn.rollback()
119                 print(f"删除失败：{e}")
120
121 def main():
122        conn = connect_db()
123        if not conn:
124                 return
125
126        cursor = conn.cursor()
127        while True:
128                 show_menu()
129                 choice = input("\n 请选择操作：")
130
131                 if choice == "1":
132                         view_products(cursor)
133                 elif choice == "2":
134                         add_product(conn, cursor)
135                 elif choice == "3":
136                         update_product(conn, cursor)
137                 elif choice == "4":
138                         delete_product(conn, cursor)
139                 elif choice == "0":
140                         print("谢谢使用，再见！")
141                         break
142                 else:
143                         print("无效的选择！")
144
145        cursor.close()
146        conn.close()
147
148 if __name__ == "__main__":
149        main()
```

说明:

- 04~14 行：实现数据库连接功能，使用 try-except 语句处理异常。

- 24~34 行：使用 SQL 语句查询获取商品列表，并格式化输出展示商品完整信息。

- 36~55 行：实现添加商品功能，包含输入验证和异常处理。

- 57~95 行：实现商品信息修改功能，支持部分字段更新。

- 97~119 行：实现商品删除功能，包含存在性检查和外键约束检查。

- 121~149 行：实现主程序流程，统一管理数据库连接和业务逻辑。

整个程序采用模块化设计，每个功能都被封装在独立的函数中。程序运行结果如图 5.1.17 所示。

图 5.1.17 程序运行结果

【任务小结】

本任务通过实践探索，形成了对 Python 数据库编程的深入认识。数据库编程作为应用系统开发的核心能力之一，它连接了应用逻辑和数据持久化层。在所有的系统开发中，数据库编程使得程序能够可靠地存储和管理数据，本任务主要介绍了以下内容：

（1）Python 中两种主要的 MySQL 数据库访问组件：mysql-connector-python 和 PyMySQL，及它们各自的特点和应用场景。

（2）使用 mysql-connector-python 组件实现数据库连接的完整步骤和方法。

（3）使用 mysql-connector-python 组件实现数据表查询、插入、修改和删除操作的流程、方法和应用要点。

（4）以商品管理系统为例，实现了完整的商品管理业务过程。

【课堂练习】

1. 编写一个学生信息管理系统，实现添加、删除、修改、查询学生基本信息等功能。
2. 设计一个用户登录验证系统，要求实现账号密码验证、失败重试次数限制等功能。
3. 开发一个商品库存管理系统，完成商品信息展示、库存统计、数量更新等功能。

【课后习题】

一、填空题

1. mysql-connector-python 中创建数据库连接要使用_____类。
2. 执行 SQL 语句前必须先创建_____对象。
3. 提交事务使用_____方法。
4. 关闭数据库连接要调用_____方法。
5. 获取查询结果集可以使用_____方法。

二、简答题

1. 说明 mysql-connector-python 和 PyMySQL 的主要区别。
2. 说明事务的 ACID 四大特性及其重要性。
3. 描述参数化查询的作用及使用方法。
4. 分析连接池的优势及应用场景。

三、程序设计题

1. 实现一个完整的图书管理系统，包含图书信息的增删改查功能。
2. 为银行账户系统设计转账功能，要求正确处理事务和异常情况。
3. 开发商品订单处理系统，实现订单创建、状态更新、明细查询等功能。

四、综合项目

设计并实现一个完整的在线商城数据库系统，包含用户管理、商品管理、购物车、订单处理、库存管理、销售统计等功能模块。

参 考 文 献

[1] 翟明岳. Python 语言程序设计基础教程：微课版[M]. 北京：人民邮电出版社，2024.

[2] 王健，彭聪. Python 编程基础：项目式微课版[M]. 北京：人民邮电出版社，2024.

[3] 石英. 零基础 Python 入门教程[M]. 北京：人民邮电出版社，2023.

[4] 埃里克·马瑟斯. Python 编程：从入门到实践[M]. 3 版. 袁国忠，译. 北京：人民邮电出版社，2023.

[5] 王桂芝. Python 程序设计基础与实战：微课版[M]. 北京：人民邮电出版社，2022.

[6] 张双狮. Python 语言程序设计实践指导[M]. 北京：中国水利水电出版社，2022.

[7] 刘宇宙. Python 实用教程[M]. 北京：电子工业出版社，2019.

[8] 马克·卢茨. Python 学习手册：原书第 5 版[M]. 秦鹤，林明，译. 北京：机械工业出版社，2018.

[9] 胡大威，方鹏. MySQL 数据库管理与应用任务式教程：微课版[M]. 北京：人民邮电出版社，2024.

[10] 张素青，翟慧. MySQL 数据库技术与应用：慕课版[M]. 2 版. 北京：人民邮电出版社，2023.

[11] 陈亚峰. MySQL 数据库项目式教程[M]. 北京：中国水利水电出版社，2023.

[12] 高亮，韩玉民. 数据库原理及应用：MySQL 版[M]. 北京：中国水利水电出版社，2019.